U0342154

散体流动仿真模型及其应用

柳小波　王姜维　王培涛　王连成　著

北　京

冶 金 工 业 出 版 社

2017

内 容 提 要

本书在前人研究的基础上，将随机介质理论和九块模型的思想有机地结合在一起，以矿岩散体为研究对象，分别建立了散体流动空位填充法和散体流动时空演化仿真模型，很好地解决了不同粒径颗粒的流动问题和散体流动的时间过程因素，并在崩落矿岩的流动和岩层及地表沉降仿真方面得到了应用。

本书可作为高等院校采矿工程专业教材，也可供研究散体流动规律的相关专业人员参考。

图书在版编目（CIP）数据

散体流动仿真模型及其应用/柳小波等著 . —北京：冶金工业
出版社，2017. 10
ISBN 978-7-5024-7624-3

Ⅰ.①散… Ⅱ.①柳… Ⅲ.①矿山—岩石力学—散体力学—
仿真模型—研究 Ⅳ.①TD313

中国版本图书馆 CIP 数据核字（2017）第 251107 号

出 版 人 谭学余
地　　址 北京市东城区嵩祝院北巷 39 号　邮编　100009　电话　（010）64027926
网　　址 www.cnmip.com.cn　电子信箱 yjcbs@cnmip.com.cn
责任编辑 戈 兰 美术编辑 彭子赫 版式设计 孙跃红
责任校对 石 静 责任印制 李玉山
ISBN 978-7-5024-7624-3
冶金工业出版社出版发行；各地新华书店经销；固安华明印业有限公司印刷
2017 年 10 月第 1 版，2017 年 10 月第 1 次印刷
169mm×239mm；11.5 印张；222 千字；174 页
58.00 元

冶金工业出版社　投稿电话　（010）64027932　投稿信箱　tougao@cnmip.com.cn
冶金工业出版社营销中心　电话　（010）64044283　传真　（010）64027893
冶金书店 地址　北京市东四西大街 46 号（100010）　电话　（010）65289081（兼传真）
冶金工业出版社天猫旗舰店　yjgycbs.tmall.com
（本书如有印装质量问题，本社营销中心负责退换）

前　言

崩落采矿法是一种通过崩落围岩来管理地压的采矿方法，因其具有高效率、成本低、适用范围广等优点，被广泛应用于国内外矿山。在崩落采矿法中，矿石在废石覆盖下进行放矿，很容易造成贫化。矿石的损失贫化既浪费了国家的宝贵资源，降低了矿山经济效益，又加大了生产成本。研究崩落矿岩散体流动规律是进行放矿贫化研究的基础。因此，研究矿岩散体的流动规律，实现放矿的仿真模拟，优化采矿方法的相关参数，对提高矿石回收率、提高矿山经济效益具有重要的意义。目前研究散体流动的理论或模型主要有离散元法、随机介质理论、九块模型等。

本书在前人研究的基础上，将随机介质理论、离散元思想和九块模型思想有机地结合在一起，以矿岩散体为研究对象，分别建立了散体流动空位填充法和散体流动时空演化仿真模型，很好地解决了不同粒径颗粒的流动问题和散体流动的时间过程因素，并在崩落矿岩的流动和岩层及地表沉降仿真方面得到了应用。

散体流动空位填充法在表象方面具有离散元法的优点，在流动过程方面具有随机仿真的优点，是一种快速高效的仿真散体流动过程的方法，为研究崩落矿岩散体流动过程和规律提供了新的研究手段；散体流动时空演化模型是在九块模型和岩石流变学的基础上建立起来的，其特点是可以快速建立地层和采空区模型，仿真岩层及地表沉降过程，并给出沉降时间，是研究岩层及地表沉降规律的新方法。

本书共七章，内容包括：第 1 章介绍了当前散体流动的研究现状；第 2~4 章介绍了提出的三种理论：修正的九块模型理论、非均匀散体流动仿真模型和散体流动时空演化模型；第 5 章介绍了基于这三种理论所开发的三种软件系统：基于九块模型的三维放矿仿真系统（SLS）、基于非均匀散体流动仿真模型的二维放矿仿真系统（VFMS）和基于散体流动时空演化模型的地表沉降仿真系统（GSS）；第 6 章和第 7 章介绍了这三个系统在崩落法放矿优化方面和地表沉降模拟方面的应用。

本书是作者们多年研究成果的总结，同时也提出了一些新的理论和观点。在国家数字矿山、智慧矿山建设的趋势下，研发自主知识产权矿业软件是当前采矿研究工作者主要的事情，本书开发了多套仿真系统，供读者借鉴使用。

由于作者水平有限，不妥之处在所难免，敬请广大读者指正。

编　者

2017 年 8 月

目　　录

第 1 章 绪 论

1.1 概述

散体是由彼此相联系的固体颗粒所共同组成的集合体[1]。一般体现为各种松散物料，如沙堆，碎石堆、粮食作物、崩落矿石堆等。散体的物理性质介于固体和液体之间。

散体与固体不同。颗粒状的散体具有流动性，仅在一定的范围内能保持其堆积形状，它不能承受或只能承受很小的拉力，但能承受较大的压力和剪力。

散体与液体也不同。液体具有很大的流动性，液体本身没有固定的形状，抵抗剪力的能力很小，但能向各个方向传递相等的压强。散体虽则也能向各个方向传递压强，但不相等。

散体按照它们的聚集状态可以分为黏性散体和无黏性散体。前者具有内摩擦力和黏聚力（初始抗剪力），后者只具有内摩擦力而无黏聚力。这种只具有内摩擦力的散体，称为理想的散粒物料。在采矿工程中，崩落的矿岩就属于黏性散体，也称为非理想散体。

根据介质中是否含有水分和黏结性物质，可以分为理想散体和非理想散体两种。当介质中不含有水分和黏结性物质时，称为理想散体。当介质中含有水分和黏结性物质，颗粒之间具有一定的黏聚力时，称为非理想散体。我们通常所见到的和所研究的散体，例如土、泥砂、浆体及其他粒状、粉状材料，都是非理想散体。在采矿工程中，崩落的矿岩和自然冒落的矿岩就属于非理想散体，采矿的主要目的是采出我们需要的矿石，这过程往往混入废石，造成矿石贫化，增加采选成本，不同的采矿方法混入的废石也不同，崩落采矿法是地下金属矿床开采中常用的一种方法，其特点是崩落矿石放出是在废石覆盖层下进行的，如果放矿参数选择不合理，覆盖层废石很容易掺杂到矿石中，与矿石一起从放矿口放出，矿岩大量混杂，造成放矿贫化。所以，研究崩落矿岩散体流动规律是进行放矿贫化研究的基础[2]。矿体采出后，形成采空区，其上方岩层失去了支撑，原有的平衡状态被破坏，岩层发生破裂、冒落和移动，形成散体，地表也随之下沉，从而对地表建筑物、构筑物等产生不同程度的破坏。从散体流动的角度去研究岩层及地表沉降规律，是一种新的尝试，对因采空区引起的各种灾害的防治提供了新的研究方法。

当今世界的经济全球化和信息化已成为人类社会发展的总趋势，信息化正在成为全球贸易、投资、资本流动和技术转移以及社会、经济、文化等一切领域发展的主要推动力。现在信息技术业已成熟，其应用也越来越广泛，其中包括信息技术在矿业中的应用。

所以，利用计算机仿真技术研究矿岩散体的流动规律，找出不同的地质条件的散体流动情况，优化采矿方法和相关参数，控制地表沉降，对提高矿石回收率、减少采选成本、保护地表建构筑物具有重要的理论意义和实际应用价值。

目前研究散体流动的仿真方法或模型主要有离散元法、随机介质模型、D. Jolley 九块模型[3]、非均匀散体流动方法等。

1.2　散体流动仿真方法简介

以往人们对放矿的研究，多数是通过实验室做一定量的模型实验来进行。物理模型实验的结果比较客观准确，但费时费力，而且很难对多种方案、多种因素进行全面深入的研究。同时，物理实验模拟很难了解放矿时崩落矿岩体内部的移动变化过程，这就好比一个"黑匣子"，只知投入多少，放出多少，但不知其中发生了什么。因此，人们一直企望能有一种简便可靠的方法来弥补物理实验研究的不足，解开"黑匣子"之谜。计算机仿真放矿的实现为此提供了现实的可能。

计算机仿真放矿实际上就是在计算机上做放矿实验。随机模拟是目前应用最为成熟的计算机仿真方法之一，它可以对包括复杂边界条件在内的各种放矿条件及放矿方案进行模拟，不仅能给出各个阶段的放矿结果，而且能展示崩落矿岩移动的全过程，完整地给出崩落矿岩移动规律的三项基本内容——矿石放出体、矿石残留体、崩落矿岩界面移动和混杂过程。

计算机仿真放矿在放矿研究中很广泛、很全面，同时也很方便、快捷，比如说：可以利用随机模拟研究放矿指标与分段回采数目的关系，也可以利用随机模拟研究结构参数对矿石回收指标的影响，包括矿体厚度与矿石回收率关系、矿体倾角与矿石回收率的关系、分段高度与矿石回收率关系、进路间距与矿石回收率关系、放矿步距与矿石回收率关系等。

计算机随机放矿仿真模拟精度很高的，但是由于模型本身的特点。不管是九块模型也好，还是六块等其他模型，都是基于 D. Jolly 模型的，其随机过程仍然是空位递补形式，因其以"块"为基本单元，离散性大是该模型的主要缺点，另外其模拟的相似程度一般较低，现今对于不同矿体赋存条件的边界处理尚没有得到完全解决，概率赋值问题需进一步研究，该问题会在本书中得到解决。

现今，个人计算机的 CPU 处理速度和对图形运算处理上都能满足放矿仿真需要，面向对象的高级语言及三维制作软件的发展，特别是 .NET 技术的出现和发展，已经实现了放矿仿真需要的各种功能和仿真的高度可视化，可以弥补当前放矿软件的不足，使放矿仿真研究达到新的高度。

计算机放矿仿真技术方法很多，包括 GDI+编程技术、OpenGL 编程技术、动态数组技术、数据的存取技术、数据处理技术和坐标变换等。

随着数据处理、图形算法、信息论及计算机编程技术的深入研究，计算机仿真技术研究得到迅速发展。各行业专家综合运用这些技术来研究和开发计算机仿真系统，并在实际中得到应用，取得了很大的成绩，这些研究成果都可为崩落法放矿计算机仿真系统开发与研究提供借鉴。

1.2.1 离散元法在散体流动方面的研究现状

离散元法（Discrete/Distinct Element Method，DEM）[4] 的思想源于较早的分子动力学（Molecular Dynamics）。其主要思想是把整个介质看作由一系列离散的独立运动的粒子（单元）所组成，单元本身具有一定的几何（形状、大小、排列等）和物理、化学特征。其运动受经典运动方程控制，整个介质的变形和演化由各单元的运动和相互位置来描述。

离散元法的单元从几何形状上分类可分为块体元和颗粒元两大类，如图 1-1 所示。块体元中最常用的有四面体元、六面体元；对于二维问题可以是任意多边形元，但应用范围不广。颗粒元主要采用球体元；对于二维问题采用圆盘形单元。还有人采用椭球体单元和椭圆形单元，但不常用。离散元本身一般为刚体，单元间的相对位移等变形一般由连结于节点间的变形元件（如弹簧、黏壶（阻尼）、摩擦元件等）来实现。

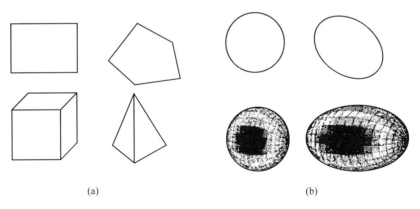

(a)　　　　　　　　　　　　(b)

图 1-1　离散元的单元分类

（a）块体元；（b）颗粒元

1971 年 Cundall[5] 提出适于岩石力学的离散元法，1979 年 Cundall 和 Strack 又提出适于土力学的离散元法[6~8]，并推出二维圆盘（disc）程序 BALL 和三维圆球程序 TRUBAL（后发展成商业软件 PFC-2D/3D），形成较系统的模型与方法，被称为软颗粒模型；1980 年 Walton[9] 用来研究散体流动并有所发展；同年 Campbell[10,11] 提出了硬颗粒模型并用于分析剪切流。1989 年英国 Aston 大学 Thornton 引入 Cundall 的 TRUBAL 程序，从发展颗粒接触模型入手对程序进行了全面改造形成 TRUBAL-Aston 版，后定名 GRANULE。它完全符合弹塑性圆球接触力学原理，能模拟干-湿、弹性-塑性和颗粒两相流问题。

Leeds 大学等校也利用它进行模拟，在英国 DEM 研究较深入的还有 Surrey 大学的 Tuzun 研究组（以 DEM 模拟和实验研究见长），Leeds 大学的 Ghadiri 研究组，Swansea 大学 Owen 的研究中心（以有限元—离散元法结合见长）等。在英国多次举办相关主题的学术会议，促进了颗粒离散元法的发展。法国在散体实验方面（如土力学和谷物储运过程）较突出，多数人直接采用 PFC-2D/3D 进行 DEM 分析，也有人用类似方法研究，如 Radjai[12] 等用力网络法，Moreau[13] 用接触动力学研究剪切区问题。荷兰、德国和加拿大等国也有进展。澳大利亚新南威尔士大学余艾冰（A. B. Yu）的研究中心进行了多方面的 DEM 模拟，CSIRO（Commonwealth Scientific & Industrial Research Organization）研究所的 Cleary 用离散元法模拟了不少工程问题。

在日本有 5 个学术团体（土木工程/土力学和基础工程学会、物理学会、颗粒技术学会、粉体过程工业和工程协会和日本科学促进会）在散体细观力学研究中起了重要作用，多次组织美日间散体力学的理论和方法的研讨会。研究较多的有 Saitama 大学的 Oda，东北大学的 Satake 和 Kishino，大坂大学的 Tsuji 和 Tanaka 以及东京农工大学的 Horio 等[14]，编写了专著系统介绍了散体力学和离散元法。

在对离散元等方法的研究中，又出现了不少改进模型和方法，初步形成以固体接触力学和流体力学为基础、颗粒细观力学为体、颗粒技术为用的具有交叉特征的计算散体力学学科。国际散体细观力学大会自 1989 年起，先后在法、英、美、日召开，出版论文集[15~18]，其中离散元法研究占有一定比重。世界颗粒技术大会、化学工程大会等也有文章发表。在国际英文期刊中，《Powder Technology》、《Particulate Science and Technology》和《Advanced Powder Technology》常有文章发表。

离散元在我国起步较晚，但是发展迅速。王泳嘉教授于 1986 年首次向我国岩石力学和工程界介绍了离散元法的基本原理及几个应用例子[19]，并进行了岩石力学和颗粒系统的模拟[20,21]。现在，东北大学、北京大学、清华大学、中国科技大学、中国农业大学等著名大学和中国科学院力学所、中国科学院武汉岩土力学所、中国铁道科学研究院等著名科学研究部门均有人从事离散元法的研究和应用工作，成果显著。

在崩落法放矿散体移动离散元研究方面，东北大学王泳嘉教授做了很多研究工作，运用离散元法对倾斜壁条件下放矿散体移动进行了模拟[22,23]，并在力场、速度场、滑移线场、放出体、矿岩接触面、矿岩移动迹线、矿石残留体和平衡拱与整体滑移方面进行了分析，结果表明它能够像现有的模拟放矿的方法一样用于研究崩落法放矿矿岩移动规律和进行矿石损失贫化预测，除此之外，它还能模拟与解释在各种边界条件下的崩落矿岩移动与放出的力学（静力的与动力的）过程，以及做出数量的计算。

在岩层和地表沉降离散元研究方面，文献［24］建立了岩移分析离散元模型，一个离散元模型主要包括：（1）边界区域的确定；（2）离散单元的划分；（3）边界条件的处理；（4）加载；（5）开挖模拟。离散元模拟结果与实测结果的对比见图1-2，由此可见，二者能够很好地吻合。离散元模拟得到的地表最大下沉量 $W_{max} = 1029$mm，开采影响传播角 $\theta = 78°$，均与实测结果接近。不同开采宽度下地表下沉曲线如图1-2所示，模拟结果列于表1-1中。

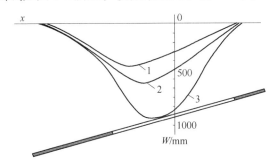

图 1-2　不同回采区段尺寸下地表下沉曲线

1—$l = 71$m；2—$l = 106.5$m；3—$l = 142$m

表 1-1　离散元法模拟结果

序号	开采区段宽度 l/m	地表最大下沉量 W_{max}/mm	下沉系数 η	最大倾斜值/mm·m^{-1}	
				T_{1max}	T_{2max}
1	142	1029	0.610	17.28	17.45
2	106.5	645	0.383	10.68	10.05
3	71	452	0.268	6.88	7.50

文献［25］利用二维离散元分析程序 UDEC 对某铜矿山破碎带下采矿产生地表沉陷的地质力学现象进行了数值模拟，得出如下结果：

（1）位移。在矿体开采形成的空区顶板位移很明显，矿柱的位移较大，已经错位变形。地表产生了大小不同的位移分布区，空区正上方位移最大。

（2）塑性区。矿柱基本上全部达到了塑性极限，在采空区的周围形成了相当数量的破坏区单元，上盘相对较大，主要表现为拉伸破坏和剪切破坏。

（3）利用房柱法开采破碎带下矿体时不能很好地控制顶板变形、破坏。应采取其他更为合理的采矿方法或支护方法，确保空区稳定性。

（4）通过数值模拟可以看出利用房柱法开采破碎带下矿体时，空区围岩的破坏以及地表的沉陷多发生在矿体的正上方和上盘区域，矿体埋藏较浅时，地表沉陷就越明显。

（5）离散元数值模拟可以很好的验证破碎带下矿体开采引起顶板破坏和地表沉陷的机理。

文献［26］采用离散单元法对昌金高速公路金鱼石段路基下采空区的稳定性及采空区对路基稳定性的影响进行了研究。针对钻探和物探提供的采空区分布及采空区几何特征和工程地质情况，建立了离散元分析模型，计算结果表明采空区围岩不稳定，对路基稳定性有显著影响。当采用注浆方法对采空区进行处理后，路基是稳定的，满足高速公路技术标准的要求。

文献［27］针对金山店铁矿地下采矿深度的不断增加和采空区的不断扩大而引起的对地表的影响问题，利用 2D-Block 软件进行了模拟，得到了其围岩及地表的变形规律，计算结果为确定该矿地表的移动和陷落范围提供了依据，模拟结果如图 1-3～图 1-5 所示。

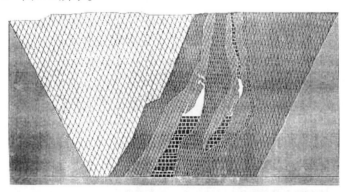

图 1-3　块体变位图（-200～-340m）

图 1-4　块体变位图（-200～-410m）

离散元法在散体、颗粒堆积方面也有一定的研究工作。文献［28］利用三维 DEM 模拟散粒体在自重作用下的堆积过程。文中散粒体的堆积模拟分两步进

图 1-5 块体变位图 （-200~-550m）

行。首先利用蒙特卡罗法，借助种子数产生球心和半径（r），在刚性方形域内（边长为 a）随机生成单一粒径球体堆积模型（$a/r=30$），为计算的初始状态，如图 1-6（a）所示。该过程主要考虑几何空间位置关系，而没有考虑力学平衡机制，其堆积结构不够均匀。第二步，堆积体施加重力，则散粒体因重力作用下落，颗粒间及颗粒与壁间相互碰撞、产生相互的法向和切向作用而发生位移，最终达到稳定状态，如图 1-6（b）所示。利用离散单元法，对颗粒受重力、相互间及与壁间的法向和切向作用力的堆积过程进行实例模拟与分析。为消除边界影响，利用回归法外推零边界颗粒系统的密度，方形域边长 a 分别取为球半径 r 的 20、22.5、25、27.5、30 倍。

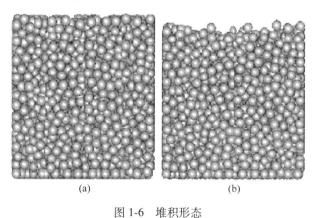

(a) (b)

图 1-6 堆积形态
（a）初始状态；（b）最终状态

文献［29］指出离散元法研究颗粒堆积问题也有助于认识堆积的细观力学机理和评估所采用模型的适用性。为此，用颗粒离散元法模拟了颗粒二维堆积问题，采用有级配的粒度分布的圆球颗粒群分析了颗粒摩擦系数、密度及粒度对堆积休止角的影响。模拟结果表明：在同等条件下，颗粒堆积的休止角随颗粒及底板摩擦系数的增大而增大，随颗粒密度的增大而减小。

文献［30］用作者开发的离散元程序，模拟不同尺寸分布的砂堆形成过程。把散体颗粒简化为圆形颗粒，模拟过程分三步：首先利用参考网格生成颗粒的松散堆积结构；为了避免颗粒下落的冲击作用对砂堆安息角的影响，先模拟颗粒在重力作用下在圆柱容器内的自由下落与堆积，直至堆积达到稳定；最后，移除容器，只保留一个底部边界，模拟颗粒体系的散落过程，直至形成一个稳定的砂堆。模拟结果表明，在其他参数保持相同的情况下，随着颗粒尺寸的减小，砂堆的安息角逐步减小并趋向于一常值。对模拟中的两组颗粒体系进行相同条件下的砂堆形成实验，结果表明，模拟与实验所得安息角大体相当。图 1-7 所示为五种不同尺寸分布颗粒体系的初始松散结构的一部分，图 1-8 所示为五组不同尺寸分布颗粒体系形成的最终砂堆。

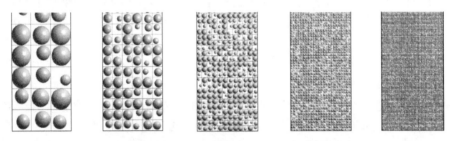

图 1-7　五种不同尺寸分布颗粒体系的初始松散结构的一部分

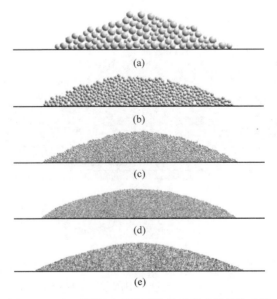

图 1-8　五组不同尺寸分布颗粒体系形成的最终砂堆

颗粒离散元法发展比较迅速，在矿冶、岩土、农业等领域都有不少的应用[1]。料仓卸料是典型的散体颗粒流动过程，Langstong 等[31,32]用 DEM 对料仓料斗做过系统的研究，Kapui 和 Thornton[33]用 DEM 研究了二维料仓和三维料斗卸料问题，Masson 和 Martinez[34]深入研究了力学性质对流动的影响，很多学者还在堆积[35]、装填、压制[36]和颗粒混合过程进行了离散元法模拟，取得一定的成果。

王培涛等应用 PFC^{2D}软件建立的无底柱分段崩落法放矿模型，通过固定分段高度和进路间距，改变炮孔的边孔角来分析开采过程中矿山内部应力场和运动场，以及将矿石回收率和混入率作为放矿指标对平面放矿和立面放矿进行模拟研究[37]。杨晓炳等针对露天转地下开采设计中回填层废石粒径的选择问题，采用 PFC^{2D}程序，研究废石相对粒径对矿石损失贫化的影响，进而确定合理的回填层废石粒径来降低放矿过程中的损失贫化率[38]。李彬、刘志娜、王培涛、朱焕春、张巍元、吴俊俊、安龙、徐帅等，应用 PFC^{3D}软件进行无底柱分段崩落法单分段单进路单步距模型的放矿模拟[39~46]。

在 PFC 程序的基础上，Lorig 和 Cundall 于 2000 年开发了 REBOP（Rapid Emulator on PFC^{3D}）程序，该程序合并了来自 PFC^{3D}程序仿真所观察到和推论得到的规律，并由 Power 在 JKMRC 实验室通过室内相似材料实验进行确定，并在矿山现场进行了一系列的标定。该程序能够动态显示每个放出漏口所对应的放出体和松动体的演化过程。其体积与 Kvapil 提出的理想椭球体理论中的放出椭球体和松动椭球体的体积相等。REBOP 程序没有关于放出体形态的假设，其三维状态下的形态完全由其微观机制所决定。REBOP 软件的整体目标是在一个矿块崩落法矿山的大背景下开展矿山设计和生产控制。通过 REBOP 可以预测矿石的截止品位及其他崩落矿岩的性质，提供矿石材料移动和相互间干扰的可视化分析[47]。

其他的离散元程序有 FASTDISC 与 FLOW3D，但是这些程序在进行无底柱分段崩落法放矿模拟过程中均不同程度地受到数值稳定性和计算时间的限制。

1.2.2 随机介质在散体流动方面的研究现状

将崩落矿岩松散介质简化为连续流动的随机介质，运用概率论方法研究其移动过程而形成的理论体系，称为随机介质放矿理论。散体运动的随机介质理论最早由波兰 Jerzy Litwiniszyn 教授于 1956 年提出，他应用概率论方法给出了散体运动的微分方程；1962 年我国东北大学王泳嘉教授给出了放矿平面问题的理论方程，1972 年苏联 B. B 库里柯夫又将平面问题扩展为空间问题。随后东北大学刘兴国教授、任凤玉教授将随机介质方法与散体流动的实际物理过程相结合，于 1994 年出版了《随机介质放矿理论及其应用》一书，对各种边界条件的散体运动过程建立了系统的理论方程[2,38]。

随机介质理论是把崩落的矿岩视为理想的散体，即规格一致，独立存在，不会变形的松散介质，并假设球形颗粒之间没有凝聚力、摩擦力和二次松散；颗粒在重力的作用下放出；各颗粒点移动服从一定的概率分布函数；当散体移动时，颗粒由概率较小的位置向概率较大的方向移动。

把放出体定义为同时到达漏口的颗粒所构成的曲面（或曲线），则可得出放出体方程并可求出放出体形态，同时也可得出松动体方程、松动体形状以及矿岩接触面移动规律。

概率论提出了研究随机现象的数学方法，可以从概率论的原理出发来建立松散介质运动的理论。

文献［49］提出理想散体移动的球体递补模型（图 1-9），基于两相邻球体递补其下空位的等可能性，推导出球体移动概率为：

$$P(x,y) = C_y^{\frac{|x|+y}{2}} \left(\frac{1}{2}\right)^y \tag{1-1}$$

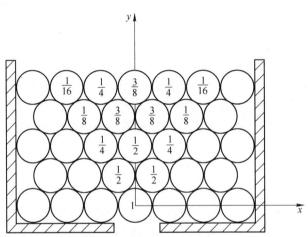

图 1-9 松散矿岩移动的概率

用这种概率模型可以说明散体内部移动的规律，即颗粒由概率较小的位置往概率较大的位置上移动。式（1-1）中的 x、y 是离散函数，根据概率论中的极限定理将离散值的式（1-1）变为取连续值的概率分布密度：

$$\varphi(x,y) = \frac{1}{\sqrt{2\pi y}} \mathrm{e}^{-\frac{x^2}{2y}} \tag{1-2}$$

鉴于实际矿岩排列方式并非为图 1-9 所示的理想形式，通过引入一个表征松散性质的介质常数 B，把理想散体条件下得到的概率分布密度推广到一般散体中去，即 $\varphi(x, y)$ 的推广形式为：

$$\varphi(x,y) = \frac{1}{2\sqrt{\pi By}} \mathrm{e}^{-\frac{x^2}{4By}} \tag{1-3}$$

因垂直移动速度正比于向下移动的概率[50,51]，即垂直移动速度满足抛物型偏微分方程：

$$\frac{\partial v}{\partial y} = B\frac{\partial^2 v}{\partial x^2} \tag{1-4}$$

式（1-4）为二维随机介质理论的基本方程。它和表征布朗运动、热传导等方程形式上是一样的，这使我们对放矿过程的认识更深化一步。对于三维立体问题，与式（1-4）相似的基本方程为：

$$\frac{\partial v}{\partial y} = B\left(\frac{\partial^2 u}{\partial x^2} + \frac{\partial^2 v}{\partial z^2}\right) \tag{1-5}$$

文献［50，51］将随机介质理论应用到端部放矿研究中，得出放出体、矿石和废石体积的计算公式，和文献［52］相关内容一致。

文献［53，54］对随机介质放矿进行了详细介绍，将随机介质方法与放矿时散体移动的实际物理过程相结合，研究了散体移动的最基本问题——颗粒移动概率。发现三类边界条件下的颗粒移动概率均可用正态分布函数表示，其方差值与层面高度成幂函数关系$\left(\sigma^2 = \frac{1}{2}\beta z^2\right)$，并给出了移动带宽度、下降速度、颗粒移动迹线、放出漏斗与放出体方程等。

文献［55］对放矿随机介质理论移动概率密度方程进行了研究，建立了散体移动概率模型，通过分析放出体形态得出了散体颗粒移动迹线表达式，指出颗粒移动迹线上任意两点横坐标之比等于对应层位方差之比，是随机介质放矿理论的一条重要性质，否则概率场与散体移动场、速度场无法统一，推出了膨胀散体和无膨胀散体移动概率密度方程。

随机介质理论在地表下沉方面有一定研究。刘宝琛院士在随机介质理论方面研究的最为深入，特别是将随机介质理论应用到地表沉降方面取得了重要的理论成果和实际应用价值，文献［56］给出了随机介质理论中岩体移动的基本方程式。

$$W(x,y,z,t) = \frac{1}{r^2(z)}(1 - e^{-ct})e^{\left[\frac{-\pi}{r^2(z)}(x^2+y^2)\right]} \tag{1-6}$$

式中　$q(z)$，$r(z)$——坐标 Z 的两个函数；

　　　　C——比例系数，也称下沉时间系数。

并针对露天开挖引起的地表移动、浅部地下工程开挖引起的地表移动、地下开采引起的地表移动等岩体移动方面进行了研究。

文献［57］以概率的观点，仔细研究了开采对岩体的影响，解决了平面半无限开采、平面有限开采及空间有限开采问题，给出了一系列计算岩体位移场和变形场的公式。计算公式中的参数对地表及岩体内部完全相同，因而地表及岩体内部移动的理论自成闭合体系。

文献［58］提出了用岩土体的变形表示岩土体强度的随机介质理论方法，

分析了边坡工程应用随机介质理论的原理及基本方程，获得了由开挖边坡工程引起地表及岩土体内部移动及变形的分析公式，探讨了计算参数的选择，并通过工程实例，验证了其可靠性。从而对莫尔-库仑准则作为滑坡判据的极限平衡分析法和应力-应变数值分析法有所突破。

文献［59］分析山东望儿山金矿开采条件及地质条件，在建立金属矿山地表移动模型的基础上，结合对该矿围岩和尾矿所进行的力学试验结果，分别计算矿床开采后及采用分级尾砂充填后的地表移动和变形情况，确定了最佳充填范围，并进行了分级尾砂充填方案设计，研究结果可避免选厂等建筑物搬迁，并可解决尾矿库容紧张问题。

1.2.3　九块模型在散体流动方面的研究现状

散体移动九块模型随机模拟是加拿大 D. Jolly[3] 于 1968 年提出的，他将崩落的矿岩散体理想地划分成许多规则排列的小方块，方块一块一块地从漏孔放出，每放出一块就产生一个空位，此空位由上一层九个方块中的一个来填补，由哪一块填补按蒙特卡罗法决定，由此不断地向上传递空位，下面经漏孔不断地一块一块地放出，达到规定的贫化为止。

国外 20 世纪七八十年代在计算机放矿仿真方面做了一部分研究工作，主要是在仿真模型研究方面[60]，比如研究崩落矿石流动数学模型等。

国内于 1978 年开始此项研究。北京钢铁学院、昆明工学院及东北工学院的研究工作做的比较广泛和深入，分别对各种条件下的放矿问题进行了模拟，取得了较好的效果。

该法的九个方块中，由哪一块下降是随机的。在后一方块移动之前，前一方块全部移动完毕，而后一方块内的所有岩块同时移入空位。对某一特定的空位而言，不同次的试验完全可能由上一层不同的方块所填补，但在采场模型中，每个漏孔都要放出大量矿岩，将产生大量的随机过程，最终的统计平均值是平稳的。

在九块模型的基础上，有人做了六块模型、七块模型、六角式模型以及一次下落四个方块的模拟工作，也得到了良好的结果。

九块随机模拟的优点是不受放矿边界条件的限制，在各种边界条件下都能求出放出体和矿石残留体的形状以及矿岩接触面的移动情况，并可求出放出量、回收率、贫化率以及损失率等数值。借助这些结果便可优化采矿方案及工艺参数、改善放矿管理等。

随机模拟由于模型本身的特点，其模拟的相似程度一般较低，对于不同矿体赋存条件的边界处理尚没有得到完全解决，概率赋值问题还有待于进一步研究。

1.2.4　非均匀散体流动仿真研究现状

文献［61］在研究非均匀矿岩散体在放矿过程中的流动特点后，提出非均匀散体流动方法来模拟放矿散体的流动过程，非均匀散体流动的基本假设是：

（1）散体颗粒为大小不同但按一定块度分布的圆球单元。

（2）圆球为不可变形的刚体且表面没有摩擦力，即圆球单元相互间的作用力通过球心。

（3）球由自重力而运动，并规定不能向上运动。因此，圆球单元稍有位移即其上半球与其他单元的接触点脱离，故单元上半球受力一律不计。

（4）下半球的接触点的力便是该圆球单元重力的反力，它通过两球之心。

（5）下半球的接触点，如果只偏在一侧（左或右），重力无法平衡，圆球单元便向另一侧运动。

（6）由于反力必过球心和切点，圆球单元自重力的法向分力与反力相平衡，故单元必沿切线方向运动。

（7）如果单元颗粒有初速度，颗粒的稳定性需要进行校正。

文献给出了非均匀散体流动的程序流程图和相关界面，对非均匀散体流动方法做了详细的介绍。

综上所述，国内外学者主要从力学和随机介质方面研究散体流动问题，没有考虑散体流动空间-时间关系，本研究从离散随机仿真出发，研究散体流动空间演化仿真模型与时空演化仿真模型，并研发三维崩落法放矿计算机仿真系统和二维地表沉降计算机仿真系统，为研究采矿工程中遇到的散体流动问题提供新的研究手段。

1.3　散体流动仿真方法研究的意义

矿岩散体流动的规律和仿真方法是采矿研究的主要内容之一，本研究在前人研究的基础上，将随机介质理论和九块模型的思想有机地结合在一起，以矿岩散体为研究对象，分别建立了散体流动空位填充法和散体流动时空演化仿真模型，很好地解决了不同粒径颗粒的流动问题和散体流动的时间过程因素，并在崩落矿岩的流动和岩层及地表沉降仿真方面得到了应用。

散体流动空位填充法在表象方面具有离散元法的优点，在流动过程方面具有随机仿真的优点，是一种快速高效的仿真散体流动过程的方法，为研究崩落矿岩散体流动过程和规律提供了新的研究手段；散体流动时空演化模型是在九块模型和岩石流变学的基础上建立起来的，其特点是可以快速建立地层和采空区模型，仿真岩层及地表沉降过程，并给出沉降时间，是研究岩层及地表沉降规律的新方法。

特别是在国家数字矿山、智慧矿山建设的趋势下，研发自主知识产权矿业软件是当前采矿研究工作者主要的事情，本书开发了多套仿真系统，供读者借鉴使用。

第 2 章　离散元法和 D. Jolley 九块模型研究

2.1　离散元法理论及其应用研究

2.1.1　离散元法基本原理

2.1.1.1　离散模型

在物体的离散化方面，离散元法的离散思想同有限元法有着相似之处：将所研究的区域划分成各种单元，并通过节点建立单元间的联系。离散元法的单元从几何形状上分类可分为块体元和颗粒元两大类，块体元中最常用的有四面体元、六面体元；对于二维问题可以是任意多边形元，但应用范围不广。每个离散单元只有一个基本节点（取形心点）。颗粒元主要是采用球体元；对于二维问题采用圆盘形单元。还有人采用椭球体单元和椭圆形，但不常用。离散单元本身一般为刚体，单元间的相对位移等变形行为一般由连结于节点间的变形元件来实现。变形元件主要有：弹簧、黏壶（阻尼）、摩擦元件等物理性质不同的连接形式，各种性质的基本元件的不同形式的组合便迎合了丰富多彩的本构关系。

连接形式在力学机理上可分为接触型和连结型这两大类。接触型是散体特有的连接形式。例如，取一堆碎石的每一块石头或一盘散沙的每一个沙粒为基本单元，单元间的作用力是接触面（或线，点）上的接触力，单元间没有变形协调的约束，节点间的变形元件性质由接触应力和接触变形的关系来确定，它近似地反映了块体或散体颗粒在接触点或接触面所作用的挤压和摩擦作用。单元的排列形式一般杂乱无章，且单元的尺寸、形状乃至材料各异（如图 2-1（a）所示），因而计算的初始状态往往需要借助 Monte Carlo 法等随机生成器产生。可见这种处理方法是本着用散体材料的几何复杂性来代替连续介质分析方法的整体材料的本构复杂性原则建立起来的，因而它可以比较容易地模拟诸如大变形、非线形以及多物理场作用下散体材料的复杂运动学和力学特性，如振动或旋转作用下颗粒体的对流运动和筛选分离现象，应力变化所引起的应变链、剪切带现象等。接触型连接单元的力学模型对于块体元主要有弹塑性角-边（或边-边）接触模型，Barton-Cundall 节理模型，Hart-Cundall 节理屈服模型等与速度无关的本构模型及单状态量摩擦本构模型、双状态量摩擦本构模型等与速度相关的本构模型等等。

对于颗粒元也可导出类似于块体元中的与速度无关或相关的本构模型。总之，接触型连接形式（本构关系）是离散元法的基础和发源地，适于计算分析散体的力学行为。

连结型连接形式考虑单元间没有间隙且符合变形协调条件，主要是用来处理连续介质力学问题。相比于接触模型，连结型模型的单元一般为规则排列且单元的尺寸相同（如图2-1（b）所示），材料的变形完全由变形元件来存储和表示。因此这种模型在某种意义上说是一种唯像模型，当模拟连续体的力学行为时单元只表示对连续区域划分的网格，而并不代表真正的几何意义上的离散模型，只有当材料局部发生断裂时两个单元间的网格分离才表示材料的真实分离界面。矿岩散体的移动过程是非连续介质问题，因此连结型在此不做过多介绍。

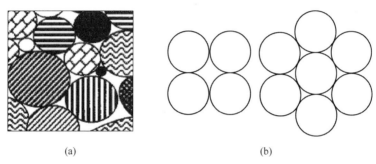

（a）　　　　　　　　　　　　　（b）

图2-1　离散元单元排列形式

（a）接触模型不规则排列；（b）连结模型规则排列

2.1.1.2　基本方程

在离散元法中，本构关系体现于力与位移的关系，运动方程为牛顿运动第二运动定律，若使用连结型模型，还要考虑位移符合变形协调关系。而其核心为牛顿运动第二运动定律，即每一个单元在任意时刻都应当满足（参见图2-2）。

$$m_i \frac{\mathrm{d}\boldsymbol{v}_i}{\mathrm{d}t} = \sum_{j=\xi_i(1)}^{\xi_{in}(ncontacti)} \boldsymbol{f}_{ji}^{\mathrm{c}} + \boldsymbol{f}_i^{\mathrm{e}} + \boldsymbol{b}_i$$

$$(2-1)$$

$$I_i \frac{\mathrm{d}\boldsymbol{\omega}_i}{\mathrm{d}t} = \sum_{j=\xi_i(1)}^{\xi_{in}(ncontacti)} \boldsymbol{f}_{ji}^{\mathrm{cs}} r_{ij} + \boldsymbol{M}_i^{\theta} + \boldsymbol{M}_i^{\mathrm{e}}$$

$$(2-2)$$

式（2-1）为力作用下的运动方程。其中m_i为单元i的质量；$\boldsymbol{v}_i$为单元

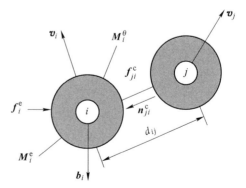

图2-2　离散元单元i受力和力矩

i 形心的速度矢量；f_{ji}^{c} 表示与单元 i "接触" 的某单元 j 对单元 i 的 "接触力"，它可以分解成 i 与 j 间接触线的法向力 f_{ji}^{cn} 和切向力 f_{ji}^{cs} 之和；f_i^{e} 为单元 i 所受的其他外力，如在研究流场作用下固体颗粒的作用时，该项代表流体压力等效的结点作用力；b_i 为单元 i 的体力。式（2-2）为力矩作用下的运动方程。其中 I_i 为单元 i 的转动惯量；ω_i 为单元 i 的角速度，r_{ij} 为单元 j 作用于单元 i 的作用点到 i 形心的距离；M_i^{θ} 为旋转弹簧产生的力矩；M_i^{e} 为外力矩；$\xi_{in}(ncontact\ i)$ 为与 i 单元相作用的 j 单元序列号。法向力和切向力的求解可以根据两单元间的相对位移来求解：

$$
\begin{aligned}
f_{ji}^{cn} &= -k_n \Delta u_{ji}^n + \eta_n v_{ji}^n \\
f_{ji}^{cs} &= -k_s \Delta u_{ji}^s + \eta_s v_{ji}^s \\
M_i^{\theta} &= -k_{\theta} \Delta \theta_i + \eta_{\theta} \omega_i
\end{aligned}
\tag{2-3}
$$

其中，k_n、k_s、k_{θ} 分别为法向、切向和旋转弹簧阻尼系数，他们反映了材料的力学特性。Δu_{ji}^n、Δu_{ji}^s 和 $\Delta \theta_i$ 分别为三种弹簧的变形。方程式（2-3）表明，离散元方法是通过弹簧的种类和设置方式即单元间的连接模型来反映的，因而弹簧弹性系数和阻尼系数的选取是离散元算法中的一个重要方面。单元接触点的相对速度为：

$$
v_{ji} = v_{ji}^n + v_{ji}^s = (v_j - v_i) + d_{ij} n_{ji} \times (\omega_i + \omega_j)
\tag{2-4}
$$

其中，d_{ij} 为单元体间的距离，n_{ji} 为单元法向单位向量，方向有 j 指向 i。进一步得到法向和切向相对位移速率为：

$$
\begin{aligned}
v_{ji}^n &= (v_{ji} \cdot n_{ji}) n_{ji} \\
v_{ji}^s &= v_{ji} - (v_{ji} \cdot n_{ji}) n_{ji}
\end{aligned}
\tag{2-5}
$$

由式（2-4）和式（2-5）可以看出单元假设作刚体运动，单元间法向和切向的相对位移的大小反映了材料的变形（连续体情况下）和相互作用（非连续体情况下），这反映了材料在发生变形情况下的几何公式。

上述的运动方程（式（2-1）、式（2-2））、本构方程（式（2-3））以及几何方程（式（2-4）、式（2-5））构成了离散元法的基本方程。材料的塑性和破坏可以通过单元间连接元件进行模拟，即可以用单元间弹簧的断裂来模拟材料的局部破坏或通过限制弹簧的变形和改变弹簧刚度来模拟材料的塑性行为。

2.1.1.3　求解过程

离散元算法的一般求解过程为：将求解空间离散为离散元单元阵，并根据实际问题用合理的连接元件将相邻两单元连起来；单元间相对位移是基本变量，由力与相对位移的关系可得到两单元间法向方向和切向方向的作用力；对单元在各个方向上与其他单元间的作用力以及其他物理场对单元作用所引起的外力求合力和合力矩，根据牛顿运动第二定律可以求得单元的加速度；对其进行时间积分，进而得到单元的速度、位移。从而得到所有单元在任意时刻的速度、加速度、角

速度、角加速度、线位移和转角等物理量。

2.1.1.4　算法特点

无论采用何种解法或解决何种问题，离散元的计算过程中主要包括以下几个方面的计算：

（1）接触判断，相互作用关系、作用物理量计算（以相互关系数据为操作对象）。

（2）运动方程判断，单元物理量的更新（以单元数据为操作对象）。

（3）计算其他等效物理场的计算（如应力、应变等）。

（4）计算时间增量，进入下一个时间步。

在以上的4个基本计算方面，（1）的计算量最大，耗时最多。但对于只考虑短程相互作用为特点的离散元法，其搜索算法也可以进行相应的特殊简化。具体的实施方法有对邻居列表，窗口法和增量排序更新算法等。

2.1.2　PFC 软件概述

2.1.2.1　PFC 产生的背景

PFC[2D]（Particle Flow Codein 2Dimensions）即二维颗粒流程序，是通过离散单元方法来模拟圆形颗粒介质的运动及其相互作用[62,63]。最初，这种方法是研究颗粒介质特性的一种工具，它采用数值方法将物体分为有代表性的数百个颗粒单元，期望利用这种局部的模拟结果来研究边值问题连续计算的本构模型。以下两种因素促使PFC[2D]方法产生变革与发展：（1）通过现场实验来得到颗粒介质本构模型相当困难；（2）随着微机功能的逐步增强，用颗粒模型模拟整个问题成为可能，一些本构特性可以在模型中自动形成。因此，PFC[2D]便成为用来模拟固体力学和颗粒流问题的一种有效手段[63,64]。

2.1.2.2　PFC[2D]的基本原理和方法

PFC[2D]通过离散单元方法来模拟圆形颗粒介质的运动及其颗粒间的相互作用，允许离散的颗粒单元发生平移和旋转，可以彼此分离并且在计算过程中重新构成新的接触。PFC[2D]中颗粒单元的直径可以是一定的，也可按高斯分布规律分布，通过调整颗粒单元直径可以调节孔隙率。颗粒流方法[64]以牛顿第二定律和力-位移定律为基础，对模型颗粒进行循环计算，采用显式时步循环运算规则。根据牛顿第二定律确定每个颗粒由于接触力或体积力引起的颗粒运动（位置和速度），力-位移定律是根据两个实体（颗粒-颗粒或颗粒-墙体）的相对运动，计算彼此的接触力。

颗粒流方法在计算循环中交替应用牛顿第二定律与力-位移定律，其计算循环过程如图 2-3 所示。

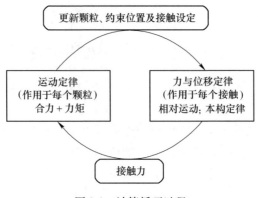

图 2-3　计算循环过程

PFC^{2D} 的颗粒流模型包含如下的假设：

（1）颗粒为刚性球体。

（2）颗粒间的接触只是发生在小范围内的点接触，是允许有一定重叠发生的柔性接触。颗粒间叠加量的多少与接触力的关系满足力-位移定律，但叠加量的大小与颗粒尺寸相比应是一个很小的值。

（3）颗粒间的接触可以有黏结存在。

（4）接触模型描述颗粒间的接触关系，包括接触刚度模型、滑动模型及黏结模型。其中接触刚度模型分为线弹性模型和非线性 Hertz-Mindlin 模型；黏结模型包括接触黏结模型和并行黏结模型，其中接触黏结模型仅可以承受作用力，而并行黏结模型不仅可以承受作用力，还可以承受颗粒间的力矩作用。

2.1.2.3　PFC^{2D} 方法的特点

PFC^{2D} 方法既可直接模拟圆形颗粒的运动与相互作用问题，也可以通过两个或多个颗粒与其直接相邻的颗粒连接形成任意形状的组合体来模拟块体结构问题。PFC^{2D} 中颗粒单元的直径可以是一定的，也可按高斯分布规律分布，单元生成器根据所描述的单元分布规律自动进行统计并生成单元。通过调整颗粒单元直径，可以调节孔隙率，通过定义可以有效地模拟岩体中节理等弱面。颗粒间接触相对位移的计算，不需要增量位移而直接通过坐标来计算。接触过程可用下列单元模拟：（1）线性弹簧或 Hertz-Mindlin 法则；（2）库仑滑块；（3）可选择的连接类型，如一种是点接触；另一种是用平行的弹簧连接，这种平行的弹簧连接可以抵抗弯曲。

通过重力或移动墙（墙即定义颗粒模型范围的边界）来模拟加载过程，墙可以用任意数量的线段来定义，墙与墙间可以有任意连接方式，也可以有任意的线速度或角速度。

PFC^{2D}与 UDEC（通过离散元程序）和 3DEC（三维离散元程序）方法相比，有以下优点：（1）它有潜在的高效率。因为确定圆形颗粒间的接触特性比不规则块体容易；（2）可以有效地模拟大变形问题；（3）模拟的块体是通过颗粒间相互连接实现，这些块体可以因为破坏而彼此分离，但在 UDEC 和 3DEC 中块体是不可分离的。PFC^{2D}同 DEM（离散单元法）法一样，是采用按时步显式计算，这种计算方法的优点是所有矩阵不需存储，所以大量的颗粒单元只需配置适中的计算机内存。PFC^{2D}和 FLAC（快速拉格朗日元法）程序类似，也可提供局部无黏性阻尼，这种形式的阻尼有以下优点：（1）对于匀速运动时体力接近于零，只有加速运动时才有阻尼；（2）阻尼系数是无因次的；（3）因阻尼系数不随频率变化，不同颗粒组合体可用相同的阻尼系数。

但是，在 PFC^{2D}模型中几何特征、物理特性及解题条件的说明不如 PLAC 和 UDEC 程序容易。例如在 PFC^{2D}中模型的密实度通常不能预先给定，是因为类似于实体形成过程，可以有无数种途径在给定空间内来组合颗粒单元达到要求的密实度。PFC^{2D}的初始应力状态不能根据颗粒单元初始聚集状态简单地确定，因为随颗粒相对位置的变化而产生接触力。颗粒流程序设定边界条件比其他程序复杂，用 PFC^{2D}模拟块体体系时，因块体边界不在同一平面内，必须特别处理这种非平面的边界条件。目前还没有完善的理论可以直接从微观特性来预见宏观特性，要使模拟结果与实测结果相吻合比较困难，所以需要反复试验。但是，通过 PFC^{2D}实验，可以给出一些指导性原则，使得模型与原型之间特性相吻合（例如，哪一个因素对某些特性有影响，而对另一些特性影响不大），同时我们可以获得一些对固体力学（特别是在断裂力学和损伤力学领域）特性的基本认识。

2.1.2.4 应用 PFC 软件解决问题的步骤

用颗粒流方法进行数值模拟的步骤主要为：

（1）定义模拟对象。根据模拟意图定义模型的详细程序。如要对某一力学机制的不同解释作出判断时，可以建立一个比较粗略的模型，只要在模型中能体现要解释的机制即可，对所模拟问题影响不大的特性可以忽略。

（2）建立力学模型的基本概念。首先对分析对象在一定初始条件下的特性形成初步概念。为此，应先提出一些问题：系数是否将变为不稳定系统；问题变形的大小；主要力学特性是否非线性；是否需要定义介质的不连续性；系统边界是实际边界还是无限边界；系统结构有无对称性等。综合以上内容来描述模型的大致特征，包括颗粒单元的设计；接触类型的选择；边界条件的确定以及初始平衡状态的分析。

（3）构造并运行简化模型。在建立实际工程模型之前，先构造并运行一系列简化的测试模型，可以提高解题效率。通过这种前期简化模型的运行，可对力学系统的概念有更深入的了解，有时在分析简化模型的结果后（例如，所选的接触类型是否有代表性；边界条件对模型结果的影响程度等），还需将第二步加以修改。

（4）补充模拟问题的数据资料。模拟实际工程问题需要大量简化模型运行的结果，对于地质力学来说包括：1）几何特性，如地下开挖硐室的形状、地形地貌、坝体形状、岩土结构等；2）地质构造位置，如断层、节理、层面等；3）材料特性，如弹-塑性和破坏特性等；4）初始条件，如原位应力状态、孔隙压力、饱和度等；5）外荷载，如冲击荷载、开挖应力等。因为一些实际工程性质的不确定性（特别是应力状态、变形和强度特性），所以必须选择合理的参数研究范围。第三步简化模型的运行有助于这项选择，从而为更进一步的试验提供资料。

（5）模拟运行的进一步准备。1）合理确定每一时步所需时间，若运行时间过长，很难得到有意义的结论，所以应该考虑在多台计算机上同时运行；2）模型的运行状态应及时保存，以便在后续运行中调用其结果。例如如果分析中有多次加卸荷过程，要能方便地退回到每一过程，并改变参数后可以继续运行；3）在程序中应设有足够的监控点（如参数变化处、不平衡力等），对中间模拟结果随时作出比较分析，并分析颗粒流动状态。

（6）运行计算模型。在模型正式运行之前先运行一些检验模型，然后暂停，根据一些特性参数的试验或理论计算结果来检查模拟结果是否合理，当确定模型运行正确无误时，连接所有的数据文件进行计算。

（7）解释结果。计算结果与实测结果进行分析比较。图形应集中反映要分析区域，如应力集中区，各种计算结果应能方便地输出，以便于分析。

2.1.3　PFC 在矿岩散体流动方面的研究

2.1.3.1　无底柱分段崩落法放矿规律的 PFC^{2D} 模拟仿真

无底柱分段崩落法自 20 世纪 60 年代中期在我国开始使用以来，在金属矿山获得迅速推广，该方法大大简化了采矿方法结构，给使用无轨自行设备创造了有利条件，并可保证工人在安全条件下进行工作[65]。无底柱分段崩落法的核心内容可分为两个方面：一是采场结构参数的确定，二是放矿控制（或放矿管理）。

合理的采场结构参数是获得好的开采效果的前提和基础，国内很多学者在实验和理论方面致力于该方面的研究工作[66~69]。矿岩崩落后，在覆岩下放矿时须有良好的放矿管理，其好坏直接关系到矿石损失贫化指标的大小。其中放矿方案是放矿管理的一项重要工作。根据放矿过程中矿岩接触面的形状及其变化过程，放矿方案分为平面放矿、立面放矿和斜面放矿三种[70]。其方案的确定要结合崩落矿块和矿山放矿管理的具体情况。

放出体方程是放矿理论的核心，理论放出体形态是否与实际散体放出体形态相符是衡量放矿理论体系逼真度的主要标志。文献［71］指出，放出体形态受矿岩散体的物理力学参数影响，呈上大下小、上小下大及上下基本对称等多态变化。目前研究放出体形态大都依靠方程去拟合，其基本依据是随机介质理论，即大都是依靠分析放出体的形态，去建立散体移动的概率模型，来得出散体颗粒的移动迹线表达式，但是，这种研究思路是基于宏观统计学思想，没有从放矿过程的本质，即依据力学机理的角度去研究放矿过程的规律。

随着计算机技术的发展，特别是计算机计算能力的提高，颗粒流理论得以充分发挥作用。Cundall 于 1971 年提出的离散单元法[72,73]是专门用于解决非连续介质问题的有效方法，其研究对象主要是岩石等非连续介质的力学行为。基于 PFC 的基本特点，朱焕春[74]介绍了该软件在矿山崩落开采研究中的作用，推进了该软件在国内的推广。文献［75］利用 PFC 数值软件，结合大冶铁矿东采车间工程条件，设计模拟了若干套结构方案，并从中选出了最优的结构参数。颗粒流方法在工程中的成功应用表明，PFC 软件是研究散体放矿规律的一个有力工具。

在放矿方案最优性方面，尚未有学者进行系统研究。文献［76］分析了无底柱分段崩落法传统的采场结构与放矿方案存在的问题，系统讲解了放矿过程和出现的问题，给数值模拟合理性提供了理论参考。本研究应用 PFC 软件建立了无底柱分段崩落法放矿数值模型，在相同的放矿条件和截止放矿方式下，研究平面放矿方案和立面放矿方案两种放矿方案，通过对比矿石回收率及损失贫化，以确定最优的放矿管理方案。同时系统研究了颗粒的摩擦角变化对放矿结果的影响规律，可以为无底柱放矿方法提供科学依据。

A　模型的建立

a　模拟方案的设计

本研究建立了概念性的放矿模型。其结构参数为分段高度 12m，进路间距 12m（二维模型不考虑崩矿步距）。通过赋予颗粒一定的粒级分布、矿粒属性（摩擦系数、黏结强度）来模拟崩落的矿岩，通过计算废石混入率和矿石回收率，评价两种放矿方案的优劣，确定一个经济上更合理的放矿方案。

平面放矿特点是在放矿过程中，保持矿岩接触面近似水平下移。数值实验中，通过编程控制各个分段同时放矿，以达到平面放矿的效果。立面放矿的特点是依次全量放矿，即各个放出口依次放出，一直到满足截止放矿条件为止。实验中，只需控制各个进路放矿顺序即可达到实际要求。

实验中，各个放矿口的放矿截止方式是按照一定的废石混入率确定的。由于废石以及矿石颗粒粒径差别不大，为方便程序过程控制，本实验选取的废石混入率按照颗粒的放出数目确定。

　　b　建模

计算中选取沿着工作面走向的垂直剖面建立计算模型（图 2-4（b）），图 2-4（a）为该方案的数值模拟采场结构生成示意图。

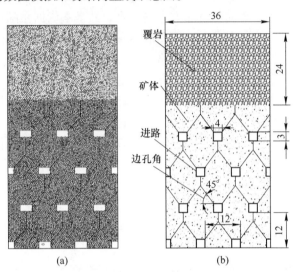

（a）　　　　　　　　　　　　（b）

图 2-4　数值试验模型示意图

（a）PFC 模型；（b）计算模型（单位：m）

　　图 2-4 所示的模型宽度为 36m，高度为 72m，颗粒受周围墙体的约束，随着放矿的进行，通过按照一定规律删除墙体来解除对颗粒的约束。模型初始的矿岩边界为水平，在此情形下，可以研究矿岩边界的移动规律，其中 PFC 模型上部浅色颗粒代表废石，下部深色颗粒代表矿石。边孔角的规格主要是根据凿岩设备的要求确定的，根据规范，本模型的扇形炮孔的边孔角选取为 45°。

　　初始上覆岩层的厚度为 24m，覆岩对下部矿石施加荷载促使矿石颗粒流动，同时覆岩的厚度对放矿的结果也会产生一定影响。

　　c　计算参数的选取

参考文献 [74，75，77~79]，确定参数，建立模型进行模拟计算。

　　（1）颗粒粒级的选取。通过生成不同半径的颗粒来模拟现场放矿中矿石与废石粒径的不均匀性。矿石粒径取值范围是 0.25~0.30m，废石粒径取 0.20~0.25m。

　　（2）颗粒密度。矿石颗粒的密度取 $3.98 \times 10^3 \mathrm{kg/m^3}$，废石颗粒的密度取 $2.70 \times 10^3 \mathrm{kg/m^3}$。

（3）颗粒间黏结强度。由于现场爆破的作用，很多矿石间仍旧存在黏结强度，为此模拟中取矿石间的法向和切向黏结力分别为100N和5N，以此来增强对现场模拟的仿真度。其接触力学细观计算参数见表2-1。

表2-1 数值模拟计算参数

摩擦系数	法向接触刚度 $K_n/N \cdot m^{-1}$	颗粒刚度比 K_n/K_s	法向黏结力 /N	切向黏结力 /N
0.3	1×10^9	1.0	100.0	5.0

B　计算结果分析

a　平面放矿

平面放矿过程如图2-5所示。考虑到篇幅，图2-5只选取了前3个分段的模拟结果。由图可以看出，放矿过程中矿岩接触面较立面放矿过程平缓。矿石脊部残留现象不明显。

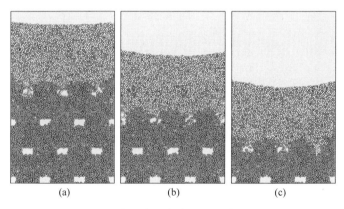

| (a) | (b) | (c) |

图2-5　无底柱分段崩落法平面放矿全过程

全断面回采结果汇总在表2-2中，经计算，一共放出矿石颗粒数目为3047，废石颗粒308。该计算模型共生成矿石颗粒3474，废石总量为3246。因此，整个模型的放矿回收率为87.71%，贫化率为9.18%。

表2-2　放矿结果汇总

分段	矿石颗粒	废石颗粒	颗粒总数	贫化率/%
分段1	659	67	726	9.23
分段2	759	76	835	9.10
分段3	815	83	898	9.24
分段4	814	82	896	9.15

b　立面放矿

立面放矿的数值仿真结果如图 2-6 所示。从图中可以清楚地看到，矿岩接触面以陡立的斜面向前移动。底部残留的高度较平面放矿的结果大（图 2-6（e））。

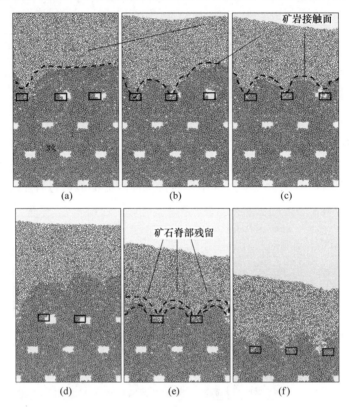

图 2-6　无底柱分段立面放矿模拟全过程

单进路放矿的结果见表 2-3。通过计算可以得出，放出的矿石颗粒的总数为 2993，放出废石颗粒的总数为 305，本次放矿总共放出的颗粒数目为 3298。初始化模型中，一共生成的矿石数目为 3474。因此，可以计算出本次放矿的总的回收率为 86. 15%，贫化率为 9. 25%。

表 2-3　放矿结果汇总

分　段	矿石颗粒	废石颗粒	颗粒总数	贫化率/%
分段 1	612	63	675	9. 33
分段 2	789	80	869	9. 21
分段 3	813	83	896	9. 26
分段 4	779	79	858	9. 21

　　由于二维颗粒流程序的限制，本研究未考虑到崩矿步距的影响，为此不能把端部放矿的影响因素考虑进去。另外，本模型没有考虑实际情况下矿石夹石的影响，因此两种方案计算的最终矿石贫化率较低。但是，由于本方案设计的放矿模型完全相同，仅仅放矿的控制方式有所差异，这样就不会影响两者结果的可对比性，因此本研究所得的对比结果应该是有效的。

　　c　对比分析

　　通过比较表 2-2 和表 2-3 的两种方案各个分段的矿石回采颗粒数目、贫化率以及矿石的综合回收率，可以看出，平面放矿在各个方面都比立面放矿具有优势。图 2-7 显示了两种方案的矿石回收率和贫化率之间的对比。从结果看出，平面放矿各个分段废石混入率都比立面放矿的废石混入率低。整个放矿过程，平面放矿比立面放矿方案具有更高的矿石回收率，其优越性明显。

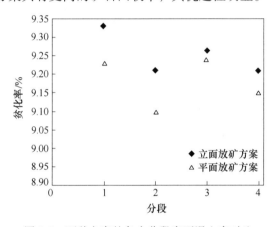

图 2-7　两种方案的各个分段废石混入率对比

　　下面分析其原因。在无底柱分段崩落法放矿中，矿石和岩石的混杂发生在放矿口部位，由废石漏斗的破裂引起。其混杂的强度取决于废石漏斗破裂口断面与出矿口断面面积的比例以及散体出口速度的分布特征。在平面放矿过程中，由于矿岩接触面保持近似水平下移，因此矿岩接触面积较小，有利于采场内减少矿石的损失。而立面放矿过程中，在其相邻已经结束放矿的进路影响下，矿岩接触面变大，纯矿石放出量减少，损失、贫化增加。

　　C　颗粒内摩擦角对放矿影响的模拟

　　放出散体在矿岩堆里原来占据的位置所构成的形体称为放出体。放出体形态是确定合理结构参数和放矿方案的主要依据。矿山生产实际中，当结构参数、采矿方法和放矿方案都相同时，矿岩散体的物理力学性质对放矿的效果影响非常大。就这一问题，本研究从放出体形态角度来进行了验证。

　　矿岩散体物理性质有很多，其中矿岩颗粒的内摩擦角是影响放出体形态的重

要因素之一。根据随机介质放矿理论，放出体柱坐标表面方程为[80]

$$R^2 = (\alpha + 1)\beta x^\alpha \ln\frac{H}{x} \tag{2-6}$$

式中，R 为柱面坐标矢径；H 为放出体长轴长度；x 为 x 坐标轴上的坐标；α、β 均为与散体流动性质和放出条件有关的系数。

　　随机介质理论能够很好地从理论角度研究放出体形态，可以总结出放出体的理论方程（式（2-6）），为研究提供便利。然而这些不能反映影响放出体形态的真实因素——力学影响。本研究则从力学机理角度来模拟研究放出体形态的变化规律，通过计算机来计算颗粒相互之间的力学作用，进而模拟整个流动过程。

　　PFC 颗粒流软件是基于力学基本原理进行分析计算的，因此，可以从本质上模拟颗粒的流动过程。该软件通过定义摩擦系数来描述散体颗粒之间的内摩擦角。

　　本研究设计了摩擦系数 f 分别为 0.01、0.10、0.30、0.60 和 1.0 这 5 种数值放矿模型。结构参数均采用立面放矿的放矿方案，矿石颗粒及废石颗粒的密度、颗粒级配、黏结力等初始参数参照前一个试验模型给予分配。通过赋予不同的摩擦系数，从介质基本粒子结构的角度考虑介质的基本力学特性，根据粒子之间接触状态的变化，研究介质系统的力学特征和力学响应，并以此得出颗粒对应的空间位移变化，为研究放出体的形态变化提供计算平台。

　　通过对比放出体形态（见图 2-8），我们发现，虽然无底柱分段崩落法的结构参数以及放矿方案均已确定，然而矿岩颗粒之间的摩擦系数不同，导致放出体形态发生很大变化。

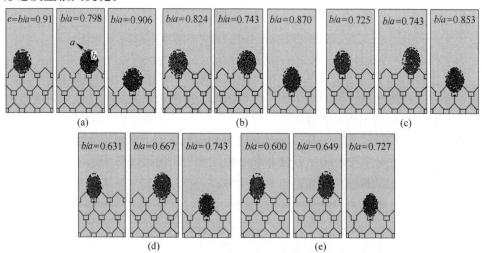

图 2-8　不同摩擦系数放出体形态对比

（a）摩擦系数 0.01；（b）摩擦系数 0.1；（c）摩擦系数 0.30；
（d）摩擦系数 0.6；（e）摩擦系数 1.0

当摩擦系数 f 很小时（0.01），各个分段的放出体比较短而宽，其短轴 b 与长轴 a 之比 e 见图 2-9；当摩擦系数增加到 0.1 时，放出体明显变得细长，从图 2-8（b）看出，放出体逐渐呈细长趋势，放出类椭球体形态呈现下大上小趋势；随着摩擦系数增大，颗粒放出变得困难，在流轴（放矿口中心线）附近颗粒可以发生较好的流动，颗粒下移速度较快，下移的距离也较其他位置大，放出体形态变得细长；当摩擦系数增大到 0.60～1.0 时，放出体形态上下比较接近，放出体较前者更加细长（图 2-8（d）、（e））。

图 2-9 显示了不同分段放矿口在不同摩擦系数影响下，放出类椭球体短轴与长轴比值的变化情况及回归拟合结果。当曲线采用乘幂拟合时，其方差取得最小。从曲线的趋势可以看出，对于同一个放矿口来说，摩擦系数越大，短长轴之比越小。相应地，放出椭球体的偏心率越大，即放出椭球体逐渐变得细长。从定性角度来看，这一结果与文献［71］实验观察的结果是一致的。

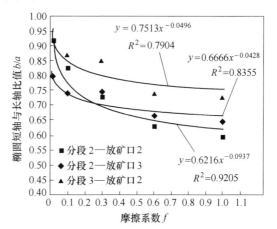

图 2-9　不同摩擦系数放出口放出体短长轴之比

根据模拟结果，得出结论：颗粒散体的内摩擦角越小，散体侧向流动性越好，放矿过程比较顺利，放出体越宽；散体内摩擦角越大，其流动性变差，放矿越难，放出体又细又高。

D　结论

（1）通过 PFC 颗粒流软件，模拟了两种放矿方案下的全放矿过程，再现了无底柱分段崩落法中的脊部残留现象和不同的矿岩接触面情况，说明离散元方法是研究崩落法放矿过程的有力工具。

（2）综合各个方面的指标，通过仿真实验，本研究发现，在同种放矿结构参数模型中，在相同的放矿截止条件下，平面放矿方案比立面放矿更具有优越性，同等条件下能降低废石混入率。

（3）通过研究内摩擦角对无底柱分段崩落法放矿的放出体形态影响，发现了放矿方案相同的情况下，矿岩颗粒间的摩擦系数越小，散体的侧向流动性越好，放出体越宽；反之，散体摩擦系数增大，黏结性增大，散体流动性变差，放矿越难，其放出体形态又细又高，放出椭球体的偏心率越大。

2.1.3.2　边孔角对无底柱分段崩落法放矿影响的颗粒流数值模拟研究

边孔角是崩落法采矿中一个重要的落矿参数，决定着分间的具体形状，边孔角过小或者过大都会对采矿工作产生不利影响。过小会导致很多靠近边界的矿石处于放矿移动带之外；过大又会对凿岩工作不利。而目前学者对边孔角的影响机制的研究甚少。因此，研究边孔角对崩落法放矿的影响具有重要的科学价值。

研究放矿过程的影响因素，首先必须了解放矿的规律。当前研究无底柱分段崩落法放矿的理论主要是随机介质放矿理论和椭球体放矿理论。随机介质放矿理论是由波兰专家 Litwinszyn 教授提出，他认为松散介质运动过程是随机过程，可用概率论的方法进行研究。他将散体抽象为随机移动的连续介质，并建立了移动漏斗深度函数的微分方程。1962 年王泳嘉教授提出散体移动的球体递补模型，基于两相邻球体递补其下部空位的等可能性建立了球体移动概率场。任凤玉教授进一步研究了散体移动概率分布，通过实验数据分析得到方差的表达式，在数学推导和经验分析的基础上，建立了散体移动概率密度方程。

椭球体放矿理论是在实验的基础上，假设放出体、移动体和松动体的形状都是椭球体，继而建立了时间最早、研究较多、影响较大的放矿理论。1952 年苏联学者马拉霍夫编写的《崩落矿块的放矿》一书，形成了椭球体放矿理论体系。基于放出体的过渡关系，刘兴国教授提出了等偏心率椭球体放矿理论，并建立了相应的数学方程。

随着计算机技术的不断发展，一些用来研究无底柱分段崩落法放矿的模拟软件也相继开发出来。其中二维放矿仿真系统（VFMS）就是基于空位填充法开发出来的模拟软件，它可以应用于放矿仿真试验。基于散体流动九块模型的三维放矿仿真系统（SLS），可用于分析解决放矿过程的很多问题，在梅山铁矿进行的无底柱分段崩落法大间距结构参数研究中取得了良好的应用效果。

然而目前放矿理论研究均是将矿岩散体抽象为连续介质，将散体的运动速度等视为颗粒所处位置的连续函数，是从宏观统计意义上来研究崩落矿岩散体的移动规律，并未从放矿问题的本质，即力是影响运动的关键来进行系统研究，也就是说并没有从力学角度来研究矿岩的移动规律。

基于上述分析，本研究应用基于离散元法开发的 PFC 颗粒流程序，对放矿方面问题进行模拟。离散单元法对于解决放矿问题是可行的和较为全面的，它不仅能从运动方面研究崩落矿岩的移动形态，而且还能从动力学方面分析矿岩块之间的力学关系，可以用来解决岩土体的不连续力学特性主要由细观单元——颗粒（粒子）运动所控制的问题。

基于以上优点，本研究利用内置的 FISH 语言编制了放矿控制程序，建立了无底柱分段崩落法放矿数值模型。通过改变炮孔边孔角参数，研究其内部复杂的运动场、内力场以及放矿过程中漏斗受侧压力的变化情况，以此来确定边孔角变化对放矿影响的力学机制。

A　PFC^{2D} 模型的建立

根据 PFC 用户手册提供的流程图[81]，在进行仿真模拟时，利用该程序主要应该从以下几个步骤进行：

（1）确定模拟对象，找出主要模拟问题；

（2）建立力学模型基本概念；

（3）构造并运行简化模型；

（4）补充模拟问题的数据资料；

（5）模拟运行的进一步准备；

（6）运行计算模型；

（7）结果分析。

本研究建立的无底柱分段崩落法放矿模型，在分段高度、进路间距以及颗粒数量不变的前提下，通过改变扇形炮孔的边孔角来分析对比模拟结果的不同。本研究选取边孔角变化范围为 30°~70°，主要分析了 9 种情况：30°、35°、40°、45°、50°、55°、60°、65°、70°。其结构模型以及 9 种方案模型如图 2-10 所示。

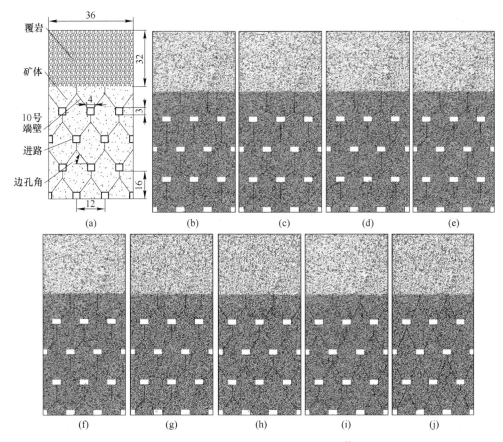

图 2-10 不同边孔角的无底柱分段崩落法 PFC^{2D} 放矿模型

（a）结构模型；（b）边孔角 30°；（c）边孔角 35°；（d）边孔角 40°；（e）边孔角 45°

（f）边孔角 50°；（g）边孔角 55°；（h）边孔角 60°；（i）边孔角 65°；（j）边孔角 70°

为了更好地逼近现场放矿中颗粒大小的不均匀性，模型设定颗粒试样由不同半径的颗粒单元组成，颗粒半径分布设定是不均匀的，考虑到计算机的计算能力，本试验设定颗粒半径在区间（0.30，0.35）中（单位为 m）按正态分布取值。最终整个模型生成矿石颗粒 6000 个，废石颗粒个数为 3000 个。本试验取颗粒的密度为 $2.5 \times 10^3 \mathrm{kg/m}^3$，生成的颗粒在重力的作用下趋于平衡。

初始稳定后，开始放矿之前整个模型处于受力平衡状态。当放矿一旦开始进行，模型中的受力平衡态即被打破，颗粒受合力与力矩作用，开始发生速度和空间位置的变化。利用 PFC 接口计算机语言 FISH，开发编写了功能程序段，使其自动检测颗粒位置，当颗粒落入到进路空间位置区间时，通过删除这些颗粒，来模拟无底柱分段崩落法放矿的过程。通过程序控制，可以实现自动检测放出的是矿石颗粒还是废石颗粒，并将落下颗粒数目以及体积自动进行计算的功能，以便进行放矿过程控制。下面对放矿过程中，不同边孔角模型内部的力场、位移场等进行分析研究。

B　结果分析与讨论

由于计算方案较多，限于篇幅，不能将各个方案的计算结果一一详细说明，这里只取边孔角为 55°的计算结果进行详细说明。

在放矿过程中，矿石的放出过程实际上涉及到的是力与运动的传递关系。为此，本研究重点研究了放矿过程中力的变化规律以及位移场的变化情况。

a　力场

在进路放矿前（图 2-11（a）），受初始黏结力和颗粒间以及颗粒与墙壁间摩擦力作用，模型处于平衡状态。颗粒间接触力基本上为压应力，几乎未出现拉应力区域。压力在端壁处分布较为均匀，未出现局部增压区或降压区。

当第 1 分段 3 个漏孔打开后（图 2-11（b）~（f））在漏孔上方立刻形成免压拱，将力传递到端壁，形成了放矿口上方的降压区和两边的增压区。观察边壁的受力曲线，可以得出结论：随着放矿进行，其压力呈现逐渐增大趋势，并逐渐趋向于稳定的数值（图 2-12）。随着放矿进行，形成的临时免压拱随之发生崩解，颗粒之间的约束释放，在合力的作用下，颗粒发生流动。

放矿过程是一个动态的过程，端壁受到的动力也是循环往复的。图 2-12 显示的是在放矿过程中，10 号端壁（图 2-10（a））所受侧压力的变化。从图中可以明显看出，随着时间的推移，端壁受力最大值有突升和下降的现象。文献［82］指出，受矿巷道（溜井或漏口）中，粉矿的放出是逐层进行的，每层放出的瞬间均形成一个拱，由于拱的跨度大于稳定拱的跨度，因此矿层随即塌落。因此，侧压力曲线的突变现象是由于在放矿过程中力拱的不断产生和崩解引起的。

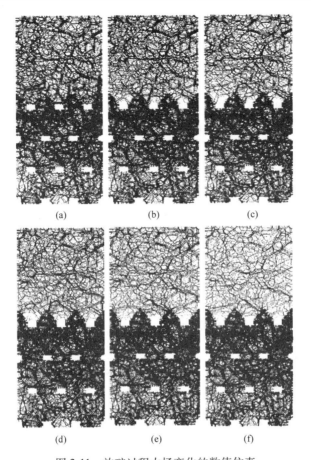

图 2-11　放矿过程力场变化的数值仿真

（a）运行时步 10230；（b）运行时步 11230；（c）运行时步 13140；

（d）运行时步 15200；（e）运行时步 16240；（f）运行时步 18440

在某一时刻，当漏孔上部的矿岩形成暂时的平衡拱时，端壁所受的侧压力会突然增加（图 2-12），随后矿岩颗粒继续流动放出，平衡拱崩解，力迅速减小。随着放矿不断进行，这种不稳定拱交替出现的动态过程会不断产生。因而也就出现了如图 2-12 所示的侧压力曲线突升和突降的现象。由放矿过程中端壁出现的这一受力现象，可以判断，当进路

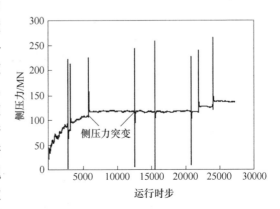

图 2-12　放矿过程中端壁受侧压力变化曲线

上部出现平衡拱时，端壁承受的压力最大。

综上所述，得出如下结论：

（1）矿岩之间是由多条类似于神经网络的力拱支持的。

（2）力拱是暂时的，在放矿过程中随着颗粒不断流动，力不断释放和积累，力拱也不断地崩解和形成。

（3）如图 2-11（b）所示，在同一时刻，矿岩散体内可以存在多条力拱，当下部力拱由于矿岩放出而崩解后，矿岩可由上部其他力拱支持，并持续这种崩解产生的动态过程。

b　位移场

图 2-13 显示了 5 幅具有代表性的颗粒位移场变化图。从图中可以清晰地看出矿岩散体的流态变化。从位移场变化图，可以得出以下规律：

（1）初始流动时，位于进路上方的颗粒流动位移最大，两侧颗粒流动位移次之（图 2-13（a））。

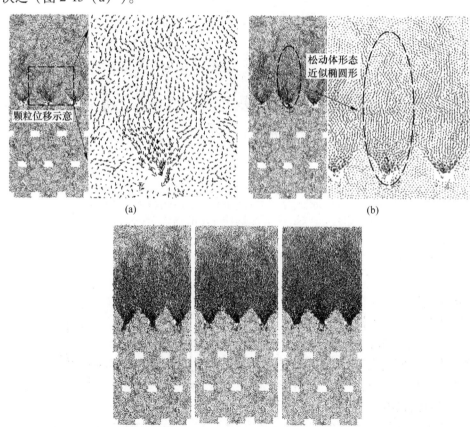

图 2-13　放矿过程中位移场变化的数值仿真

（2）放矿进行了一段时间后，出现明显的矿石松动带（图 2-13（b）），瞬时松动体的空间分布轮廓近似呈椭圆形。

（3）靠近顶部远离出矿进路的颗粒，其受到的影响作用很小，初始移动量很小（图 2-13（c）和（d））；当底部矿石移动到一定程度时，顶部矿石才开始出现整体向下的位移（图 2-13（e））。

c 不同扇形炮孔边孔角计算结果对比分析

前面详细分析了当边孔角为 55°时，模型内部应力场、流场的发展规律。下面研究炮孔边孔角变化时，模型内部应力场、流动场以及端壁受侧压力的变化规律。

松散矿石从进路放出过程中，它所形成的拱与其本身的力学特性和模型结构参数有关。通过数值模拟结果发现，当边孔角发生变化时，模型内部初始的应力场和矿岩流动场分布也呈现出一定的变化规律。图 2-14 选取了几个方案的典型结果进行对比分析。

通过对比，得到分析结果如下：

（1）不同的炮孔边孔角，其形成的压力拱的跨度也不同。

当边孔角较小时（30°），其内部压力场分布受端壁影响，主要呈现水平分布，动态压力拱主要集中在放矿口上方，而且进路上方附近压力拱分布呈现多进路端壁共同承受现象（图 2-14（a））；随着边孔角增加，进路附近压力拱呈现出纵向交错分布现象（图 2-14（b）），单进路独自承受压力拱的现象逐渐突出；当边孔角增大到 70°时，如图 2-14（c）所示，压力主要呈现纵向分布，横向分布的压力主要存在于远离放矿口接近模型顶部的颗粒之间。压力拱分布范围主要集中于端壁之间区域。

由此可见，边孔角越小，放矿过程中，矿岩内部的压力拱分布的高度就越高，影响范围也越大。

（2）当边孔角较小（为 30°）时，颗粒的位移受端壁限制最大，放矿口上部颗粒位移最大，端壁处的颗粒位移相对较小，流态主要为漏斗状流动，而且矿石流场形态轮廓粗短；当边孔角增大到 50°时，位于端壁两侧的矿石发生明显位移，矿石流场形态逐渐拉长变细（图 2-14（b））；当边孔角为 70°时，如图 2-14（c）所示，此时处于两端壁内部区域的矿石呈现出整体流动形态，矿石松动带细长。

在 4 种不同边孔角条件下对 10 号端壁所受压力变化进行了监测，图 2-15 曲线显示了几种方案的侧压力监测结果。通过对比曲线的发展趋势，可以发现，随着炮孔边孔角的增大，端壁所受的侧压力也随之增大。

前面已经分析，曲线中侧压力极值出现突变是由极限平衡拱的形成与崩解造成的。从图 2-15 中可以看出，当边孔角为 70°时，极限平衡拱的形成崩解现象较边孔角为 35°或 45°时频率更小一些。其原因是边孔角较大时，矿岩流动呈现整

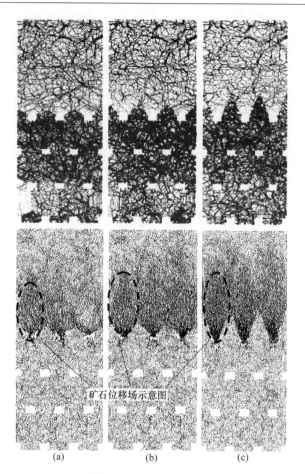

图 2-14　不同边孔角模型的接触压力和位移场

（a）边孔角 30°；（b）边孔角 50°；（c）边孔角 70°

体流动状态，形成极限平衡拱的情况就随之减少，反之，边孔角较小时（30°），颗粒主要呈现漏斗状流动，出现极限平衡拱的现象就会更加频繁。

C　结论

（1）扇形炮孔边孔角越小，其内部的压力拱分布的高度越高，影响范围越大。

（2）研究对比位移场特征发现，边孔角越小，矿石松动带形态越粗短，主要呈漏斗状流动；边孔角增大，矿

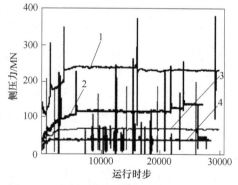

图 2-15　改变边孔角端壁受侧压力对比曲线

1—边孔角 70°；2—边孔角 55°；
3—边孔角 45°；4—边孔角 35°

石松动带逐渐细长，进路上方端壁间的矿石呈整体状流态。

（3）通过监测端壁受力变化，发现在其他条件相同的情况下，随着边孔角的增大，端壁所受的侧压力也随之增大。

（4）由受力曲线得知，在出矿过程中，伴随着极限平衡拱的产生和崩解；边孔角越小，极限平衡拱产生和崩解的现象出现得越频繁。

（5）炮孔边孔角对无底柱分段崩落法放矿的影响机制是非常复杂的，本研究仅在二维条件下模拟分析了边孔角的影响规律，其更深入的影响规律值得进一步研究。

2.2　九块模型理论

放矿随机介质理论，系统地给出了各种边界与放出条件下的散体移动场表述方程，应用这些方程借助计算机模拟或仿真技术，即可进行矿石损失贫化过程分析与损失贫化值预测，解决采场结构参数与放矿工艺参数优化问题。

自从 1968 年加拿大学者 D. Jolley 提出用电子计算机模拟放矿的方法，即用九块流动模块模拟放矿以来，崩落采矿法的计算机随机模拟就诞生了。D. Jolley 放矿模拟法提出后，因其方法新颖，简单易行，为放矿理论研究提供了一种崭新手段，拓广了放矿研究范围。围绕提高 D. Jolley 放矿仿真的保真度问题，广大采矿学术界人士进行了大量的研究工作，其中比较系统的理论研究可分为两个方面，其一为研究 D. Jolley 模型的概率赋值问题；其二为研究模块的递补模型。下面就这些问题进行详细的讨论。

2.2.1　九块模型概述

D. Jolley 九块模拟模型（图 2-16）是把散体分成正方形模块，用模块之间从下向上随机递补运动，来模拟崩落矿石的运动过程。模块之间的递补是通过"空位"向相反方向的随机传递来实现的。具体地说：每从漏口放出一个模块就在漏口产生一个"空位"，该"空位"由其上面的相邻九块模块按给定的概率随机递补，在递补模块下移之后，其原来的位置又变为"空位"，依此类推，来模拟散体的运动过程。

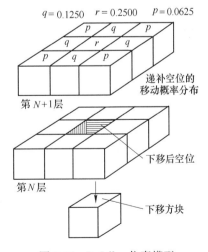

图 2-16　D. Jolley 仿真模型

图中 r、q、p 的概率为 $r+4p+4q=1$，$r=2q$，$q=2p$。故 $p=1/16=0.0625$，$q=1/8=0.125$，$r=1/4=0.25$。

这种赋值模式下（$r=2q$，$q=2p$），放出一块矿石，散体移动场中每块的概率为：

$$p(i,j,k) = \frac{1}{16^k} C_{2k}^{|i|+k} C_{2k}^{|j|+k} \qquad (2\text{-}7)$$

在空位传递过程中有两种情况：一种是未受采场边界条件影响正常流动；另一种是受采场边界条件影响，崩落矿岩移动产生变异。

第一种情况下的矿岩移动模型如图 2-17（a）所示。递补下移模块形成空位的九块哪块下移，由计算机产生的随机数确定。

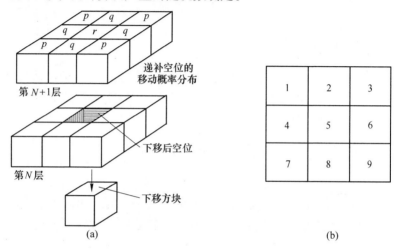

图 2-17　不受边界条件影响的方块移动模型

每层每次的移动可以认为是独立随机事件，亦即与前后次的移动无关。所以9 块中的下移模块可以用蒙德卡罗法确定，即根据各方块具有的移动概率数值无序地确定出每个方块所处的概率数值区间。然后根据概率数值落在那个概率数值区间来确定哪一模块递补。

各方块下落概率区域值列入表 2-4，对应的方块号请参考图 2-17（b）。

表 2-4　各方块下落概率数值区间值

方块号	方块的移动概率值	方块下移概率数值区间值
1	p	$(0,\ p]$
2	q	$(p,\ p+q]$
3	p	$(p+q,\ 2p+q]$
4	q	$(2p+q,\ 2p+2q]$
5	R	$(2p+2q,\ 2p+2q+r]$
6	q	$(2p+2q+r,\ 2p+3q+r]$
7	p	$(2p+3q+r,\ 3p+3q+r)$
8	q	$(3p+3q+r,\ 3p+4q+r)$
9	p	$(3p+4q+r,\ 1)$

第二种情况下，方块移动可能遇到的采场边界有下列两种：图 2-18（a）为移动方块处于直壁边界；图 2-18（b）为移动方块处于两个直壁直角连接处。

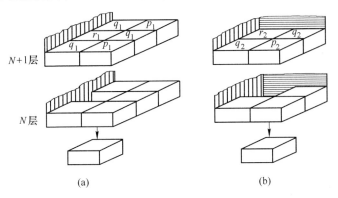

图 2-18 遇到的采场边界时矿岩方块移动模型

2.2.2 概率赋值模式探讨

不管矿石松散性如何，一概应用统一的移动概率分布，这从理论上就讲不通。各矿山矿石松散性，有的矿山间相差很大，如梅山铁矿矿石松散性与程潮铁矿矿石松散性差异较大，梅山铁矿好于程潮矿许多，两者应该有不同的移动概率分布。

矿石松散性可以用放矿理论中矿石移动漏斗表述（图 2-19），当放出相同数量矿石 Q，漏斗凹进深度可用式（2-8）计算：

$$h = x_0 - (K_e x_0^{3-n} - H_f^{3-n})^{\frac{1}{3-n}} \tag{2-8}$$

$$Q = \frac{\pi}{6} K H_f^3 \tag{2-9}$$

式中　h——移动漏斗凹进深度；

　　　x_0——初始点坐标；

　　　K_e——松散性系数，其值大，松散性好，反之，松散性差；

　　　H——放出体高度；

　　　n——实验常数；

　　　K——实验常数。

矿石松散性好，K_e 值大，则 h 值小，说明移动漏斗凹进深度小，移动漏斗范围大；矿石松散性差，即 K_e 值小，则 h 值大，说明移动漏斗凹进深度大，移动漏斗范围小。

当放出体高度相同时，放出体体积（放出矿石量）与矿石松散性有关。矿石松散性好的放出体体积大（肥胖），反之，松散性差的矿石，放出体体积小，即放出体细瘦，如图 2-20 所示。

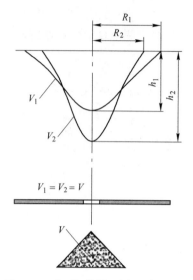

图 2-19　矿石松散性不同的移动漏斗

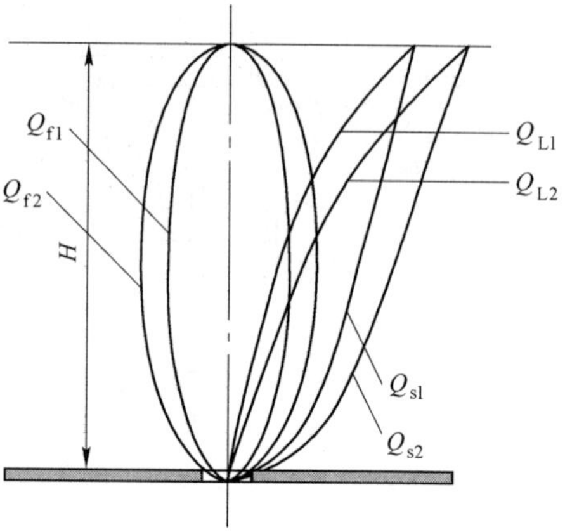

图 2-20　矿石松散性不同的放出体

根据上述原理，放出漏斗可表述移动范围，相同高度的放出体体积可用来表述矿石松散性。改变概率分布使放出矿石的移动范围和放出数量不同，便可满足仿真矿石松散性不同的要求。

矿石松散性不同最终来影响放矿结果，即矿石回收指标（矿石损失贫化）。改变移动概率分布自然也应当能达到相同的结果。

现在回过来分析移动概率[83~85]，$r+4p+4q=1$ 和 9 块分布情况 $r>q>p$，设 $r=m_1q$，$q=m_2p$，为了简化解题，可以使 $m_1=m_2=m$（移动概率分布系数），从而得：

$$r +4p +4q = (m^2 + 4m + 4) \times p = (m + 2)^2 \times p = 1$$

目前使用的移动概率分布系数 $m=2$，代入上式得 $p = 1/16 = 0.0625$。9 个模块的移动概率分成 3 种：中心模块，其概率为中心概率 r；中间模块，其概率为中间概率 q；边界模块，其概率为边界概率 p。9 块概率分布必须符合移动漏斗原理，即 $r>q>p$，同时 $r+4p+4q=1$。

当取 $m=2.5$ 时

$$(2.5 + 2)^2 \times p = 1, \quad p = 1/20.25 = 0.049$$

当取 $m=1.5$ 时

$$(1.5 + 2)^2 \times p = 1, \quad p = 1/12.25 = 0.0816$$

当取 $m=1.0$ 时

$$(1 + 2)^2 \times p = 1, \quad p = 1/9 = 0.1111$$

上述 4 种 m 值，三种概率（中心概率 r，中间概率 q，边界概率 p）分布如图 2-21 所示。

不同 m 值的 r、q 和 p 的具体数值列于表 2-5。

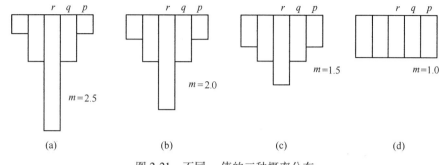

图 2-21　不同 m 值的三种概率分布

表 2-5　不同 m 值的 r、q 和 p 的具体数值

$m=2.5$			$m=2$			$m=1.5$			$m=1$		
r	q	p	r	q	p	r	q	p	r	q	p
0.31	0.1235	0.049	0.25	0.125	0.0625	0.184	0.1224	0.0816	0.1112	0.1111	0.1111

从图 2-21 和表 2-5 所列数值看出，$m=1$ 情况下不合情理，一般必须 $r>q$，$q>p$，但可以作为选定概率的边界值，限定 $m \geqslant 1$。此外由移动漏斗原理可以推断，m 值大者适应仿真松散性差的矿石，m 值小者适应仿真松散性好的矿石。当放矿层高度相同的纯矿石放出量或当到达截止品位时的矿石损失贫化值，m 值大者不如 m 值小者。

在这种赋值模式下（$r=mq$，$q=mp$），移动场概率模型为

$$p(i,j,k) = \frac{1}{(m+2)^{2k}} C_{mk}^{\ |i\,|+(m-1)k} C_{mk}^{\ |j\,|+(m-1)k} \qquad (2\text{-}10)$$

2.2.3　放矿计算机仿真实验

根据上面理论推测进行了计算机仿真实验，仿真软件说明见第 5 章相关内容。放矿仿真实验模型：矿石层高度 30m，截止品位 20%，当次放出量 30，模块尺寸 1m×1m×1m，漏口尺寸 3m×3m，边界条件长×宽×高＝40m×40m×30m，漏口设在中央，表中矿石回收指标为实验 3 次的平均值。

实验结果列于表 2-6。

表 2-6　不同 m 值的计算机仿真结果

m	$m=2.5$	$m=2.0$	$m=1.5$	$m=1.0$
纯矿石回收率/%	3.654	3.7674	4.3153	5.1465
矿石回收率/%	5.559	6.4273	7.2405	8.016
岩石混入率/%	22.508	24.967	23.925	20.978

　　根据实验结果得出的结论：

　　（1）移动概率选择不是仅限在表 2-6 中所列的数值，m 值在应用范围内是连续的。

　　（2）将 m 值简化成 $m_1 = m_2 = m$ 不是"必定如此"的，本研究主要是讲述仿真松散性不同矿石的放矿，可以通过改变移动概率，提高仿真程度（真实性）。故可以用 $m_1 = m_2 = m$，但必须符合 $r + 4p + 4q = 1$ 和 $r > q > p$ 要求。

　　（3）由表 2-6 的数据可知，不同 m 值计算机仿真结果不同，亦即矿石损失贫化不同，说明可以用不同的 m 值表示不同的矿石松散性。

　　（4）矿石松散性好的矿山，m 值相应取小值；反之 m 值相应取大值。到底 m 值取多少，应由实际情况确定，可以通过物理实验和计算机仿真来确定 m 值。

第3章 非均匀散体流动仿真模型研究

3.1 空位填充法的研究概述

九块模型在放矿研究中取得了很大的进展，不过在现场应用中，由于模型本身的块度必须一致、方块移动必须连续的特点，造成模拟过程离散性大、矿岩混杂严重等情况，限制了其在放矿仿真方面的深入发展，本次利用颗粒球为单元，建立空位填充法，来模拟崩落矿岩散体的流动过程。

我们把崩落的矿岩理想化成一些不同尺寸的圆球组成，这样就可以把研究崩落矿岩堆放及放出过程转化成研究不同粒径颗粒球随机堆放及放出过程。

空位填充法（Void Filling Method，VFM）是基于随机理论，结合力学判据，利用图形学技术的一种简单实用模拟散体流动的方法，它可以像离散元法那样处理不同尺寸散体的流动问题，包括模拟放矿过程中大块矿岩卡住形成悬顶和小块穿流造成矿石提前贫化等现象，还可以像九块模型那样运行速度快并且可以处理各种边界条件，是一种很有潜力的模拟散体流动的方法。

3.2 散体颗粒堆放随机模型的建立

3.2.1 假设条件

（1）崩落矿岩散体为半径不同的圆形颗粒单元；

（2）崩落矿岩散体颗粒为不可变形的刚体；

（3）不考虑散体碰撞过程中的变形和滑动，即采用硬球模型；

（4）当多个颗粒满足移动条件时，颗粒的移动先后具有随机性；

（5）不考虑摩擦力的影响，球体颗粒之间的运动为滑动，且满足动能定理；

（6）由于颗粒受自重力的影响，不能向上运动。

3.2.2 散体颗粒堆放模型的初始生成

对随机堆放过程的模拟[86,87]，就使寻找颗粒物质的几何特征集，使得由此构造出来的颗粒物质在容器中的空间堆放，满足某些限制（如边界限制）并达到特定要求（如颗粒物质所在体积比例要求）。

本研究的颗粒堆放随机模拟分四步进行：

（1）在一定矩形范围内（起点 (x_0, y_0)，边长为 a，b），利用蒙特卡洛[88]

随机投点法[89]生成一些点坐标（x_i，y_i），$i = 1$，2，…，n，并以这些坐标为圆心，以输入值 r 为半径生成圆。

规则 1：圆不能越界，即

$$X_i - r \geqslant X_0 \quad X_i + r \leqslant X_0 + a \quad Y_i - r \geqslant Y_0 \quad Y_i + r \leqslant Y_0 + b$$

规则 2：圆不能相交，即

$$d(s_i, s_j) \geqslant 2 \times r \quad 0 < i, j < n, i \neq j \quad d(s_i, s_j) = \sqrt{(x_i - x_j)^2 + (y_i - y_j)^2}$$

$$(3\text{-}1)$$

此时在指定范围内的圆之间空隙大，并没有压实，见图 3-1，这就需要进一步调整。

（2）因为是重力下放矿，故每一个球在重力作用下都有下降的趋势，给每个球一向下的随机位移，判断是否满足规则 1 和规则 2，如果满足则该球下移到新位置，否则保持不动。

（3）对于"死锁"状态的球，我们可以给定一假想水平推力，使之解除"死锁"状态，产生位移，判断是否满足规则 1 和规则 2，如果满足则该球移到新位置，否则保持不动。

（4）重复以上操作，当每一球均不能下沉为止，表明散体已经被压实，见图 3-2，模型生成完成。

图 3-1　未压实的散体颗粒

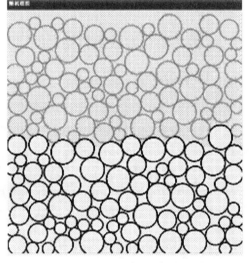

图 3-2　压实的散体颗粒

3.3　散体颗粒流动过程分析

下面将介绍流动过程中的两种不同的流动规则，实则是两种不同的算法，规则 1 简单速度快，规则 2 相比规则 1 更加细致，并且加入碰撞判定，这两种算法各有优点，均有一定的研究价值。

3.3.1 第一种算法

先将指定进路中矿石放出，则这些矿石所占位置形成空位，这些空位由上部矿岩散体填充，受影响范围内的矿岩散体按照规则 1 和规则 2 运动。直到放出矿石与岩石指标满足要求则停止此进路放矿，转向下一进路放矿，直至最后进路放矿结束，完成一次放矿仿真。

散体在重力的作用下，向下移动的趋势是必然的，它能否向下移动需看其下有无可以容纳之空位，当要移动的散体下方有与之接触的其他散体颗粒时，则需要按照生成算法中的第 31 步对此散体颗粒一水平推力，该推力的方向是左还是右需要利用力学判据做进一步判断。

当散体颗粒 2 在图 3-3 中位置时，它将移动到空位 1 还是空位 2 呢？对此，我们可以通过如下方法进行判断：

（1）建立如图 3-4 所示的坐标系，检索和此散体颗粒接触的第一第二象限的所有散体颗粒，其中，每检索到一接触散体颗粒，就要将其坐标点保存到数组中，并用同样的方法去检索与其接触的散体颗粒。

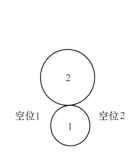

图 3-3　散体颗粒空间位置

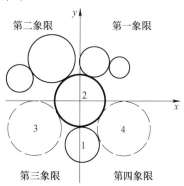

图 3-4　散体颗粒移动方向判断

（2）将保存接触散体颗粒坐标的数组里的数据进行分组，第一组是第一象限里的散体集合，第二组是第二象限里的散体集合。

（3）计算每组集合里每个散体的重量，并求总重量为和 $\sum_1$ 和 $\sum_2$。

（4）如果 $\sum_1 > \sum_2$，则给散体 2 的水平推力方向是向左，即散体 2 向第三象限移动，比如下降到散体 3 位置；如果 ，则给散体 2 的水平推力方向是向右，即散体 2 向第四象限移动，比如下降到散体 4 位置；如果两值相等，则散体 2 保持不动。

散体向下移动的位移 s 用 $[0,1]$ 之间的均匀随机数 ran 和散体半径 r 之积来确定，即 $s = ran \times r$；所以移动位移 s 取值范围是 $[0, r]$。

3.3.2　第二种算法

3.3.2.1　颗粒单元的稳定性分析

在重力的作用下，散体颗粒具有向下移动的趋势，能否产生移动需看其下方是否有阻碍。当要移动的颗粒下方有阻碍时，则需要对其可否移动、运动的方向和过程利用力学判据做进一步判断。其判断过程如下：

以判断颗粒圆心为坐标原点建立直角坐标系，将整个区域划分成四个象限。根据力的合成方法，若合力为零，则认为该颗粒单元处于稳定状态。假设判断颗粒的第三象限有其他单元或与边界阻碍其运动，则认为该颗粒在阻碍单元未移动之前不会向该方向移动，第四象限则同理。如果该判断颗粒第三象限和第四象限都有阻碍，则认为该颗粒是稳定的。因此，首先进行当前判断颗粒的接触搜索。以建立的坐标系为基础，当判断颗粒的周围存在一个接触点时，若接触点在 y 轴上时，该颗粒单元处于稳定状态（如图 3-5 所示），否则不稳定；当判断颗粒第三、四象限存在接触点时，该颗粒稳定（见图 3-6（a）），当判断颗粒第三象限和第一象限存在接触点时，若判断颗粒 1 圆心与颗粒 2、3 圆心连线在逆时针方向所成角小于 180°，

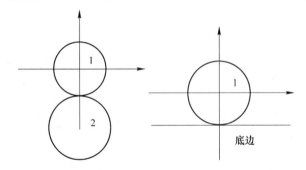

图 3-5　判断颗粒有一个接触点

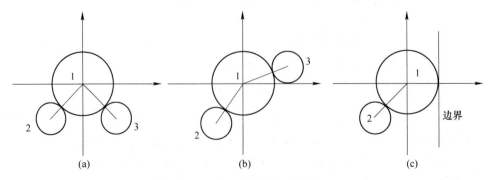

图 3-6　第三象限存在接触点

（a）颗粒 1 在第三、四象限存在接触点；（b）颗粒 1 在第一、三象限存在接触点；（c）颗粒 1 靠近边界

该颗粒稳定，否则不稳（见图 3-6（b））；当判断颗粒第三象限存在接触点且右侧
与边界接触时，该颗粒稳定（见图 3-6（c））；当判断颗粒第二象限和第四象限存
在接触点时，判断方法同理。

3.3.2.2　颗粒单元的初始移动

对于处于不稳定状态的颗粒单元，
必然会发生移动。对于下方没有阻碍的
颗粒，颗粒将做自由落体运动，而对于
与有接触阻碍的颗粒，情况则如图 3-7
所示，不考虑颗粒之间的摩擦，颗粒单
元 1 由静止状态开始绕颗粒 2 做圆周运
动，初速度为 $v_0(v_0 = 0)$，运动过程中
由重力 mg 的分力 F_n 提供向心力，当某
一刻 F_n 不足以提供做圆周运动的向心力
时，颗粒 1 脱离颗粒 2 做抛物运动。

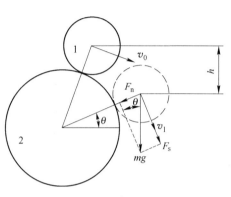

图 3-7　颗粒的初始移动分析

做圆周运动时，有以下公式成立：

$$F_n = mg\sin\theta \tag{3-2}$$

$$F_n = m\frac{v_1^2}{r} \tag{3-3}$$

$$mgh = \frac{1}{2}mv_1^2 - \frac{1}{2}mv_0^2 \tag{3-4}$$

式中　m——颗粒单元 1 的质量；

　　　F_n——重力的分力提供的向心力；

　　　h——颗粒单元 1 的垂直方向位移；

　　　r——颗粒单元 1 的半径。

通过分析可得，当有：

$$mg\sin\theta \leqslant m\frac{v_1^2}{r} \tag{3-5}$$

成立时，即当

$$\sin\theta \leqslant \frac{2h}{r} \tag{3-6}$$

圆球 1 脱离圆球 2 做抛物运动。此时速度为

$$v_1 = \sqrt{2gh} \tag{3-7}$$

3.3.2.3　颗粒单元的碰撞过程

崩落的矿岩散体在重力下放出，当其具有一定的速度并与其他颗粒接触时必

然会发生碰撞，其碰撞类型主要包括：与边界发生碰撞，与稳定颗粒发生碰撞，不稳定颗粒之间发生碰撞，下面以不稳定颗粒之间发生碰撞为例进行推导，其过程如下：

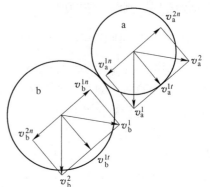

如图 3-8 所示，颗粒单元 a 以速度 v_a^1 与速度为 v_b^1 的颗粒单元 b 发生碰撞，根据模型假设，在不考虑能量损失的情况下，认为颗粒之间发生完全弹性碰撞。两颗粒圆心连线即为法线方向。将速度 v_a^1 和 v_b^1 分解为法线方向和切线方向，不考虑滑动的情况下，切向速度保持不变。由于不考虑能量损失、摩擦力和转动等复杂情况，则根据动量守恒定律和能量守恒定律，有以下式子成立：

图 3-8　不稳定颗粒之间发生碰撞

$$m_a v_a^{1n} + m_b v_b^{1n} = m_a v_a^{2n} + m_b v_b^{2n} \tag{3-8}$$

$$\frac{1}{2} m_a v_a^{1n\,2} + \frac{1}{2} m_b v_b^{1n\,2} = \frac{1}{2} m_a v_a^{2n\,2} + \frac{1}{2} m_b v_b^{2n\,2} \tag{3-9}$$

联立以上两式可求得碰撞后的速度为：

$$v_a^{2n} = \frac{(m_a - m_b) \times v_a^{1n} + 2m_b \times v_b^{1n}}{m_a + m_b} \tag{3-10}$$

$$v_b^{2n} = \frac{(m_b - m_a) \times v_b^{1n} + 2m_a \times v_a^{1n}}{m_a + m_b} \tag{3-11}$$

根据矢量合成定律，即可求得碰撞后速度的大小和方向。碰撞后的颗粒在重力作用下不断改变速度方向和大小，经过一系列碰撞后最终达到稳定或放出漏口。

3.3.2.4　颗粒单元运动的随机性

对于同时满足运动条件的散体颗粒来说，它们的运动必然具有先后性。本文认为，颗粒单元的运动先后具有随机性，先运动的颗粒速度大于后运动的颗粒，而相同的时间间隔也必然运动的更远。如图 3-9 所示，颗粒 1 和颗粒 2 同时满足运动条件，则二者的运动先后具有随机性，若颗粒 1 先运动到虚线位置，必然阻碍颗粒 2 的运动，由此颗粒 1 较颗粒 2 先行向下运动。在概率赋值的过程中，半径较小的颗粒

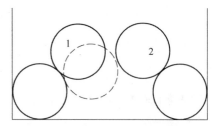

图 3-9　颗粒单元运动的随机性

先运动的概率也应大于半径较大的颗粒。通过对不稳定颗粒进行有规律的随机概率赋值，便可以得到散体颗粒运动先后的随机次序，以此达到随机理论与离散运动相结合的目的。

3.4 空位填充法与九块模型的区别

九块模型来仿真散体流动可以看做是空位向上递补来完成散体移动仿真的，其要求是散体的块度尺寸必须一致，并且块体之间不能有空位，即块体之间不能互相离开，九块模型没有考虑矿岩散体之间力的作用，散体的流动方向完全由随机数确定。

而空位填充法是不受散体尺寸的限制，散体尺寸可以有多种，散体之间可以离开，可以有空位，所以空位填充法可以模拟大块矿岩无法放出而被卡住的形成悬拱的情况，也可以模拟小块矿岩穿流而造成矿石提前贫化的现象，这是九块模型做不到的，同时空位填充法中散体颗粒的流动方向是根据其上部与其接触矿岩施加的主动合力来确定的，并没有完全依赖随机过程，只有水平和垂直移动距离是根据随机数确定的，所以空位填充法是力学和随机过程耦合的方法，也是决定论和随机论相结合的方法。

3.5 空位填充法的应用前景

随着空位填充法的不断完善，其快速的力学计算和灵活的运动方式将可以模拟工程中涉及散体流动方面的问题，空位填充法不仅可以用到放矿散体流动仿真方面，还可以在颗粒堆放模拟、爆破散体移动及爆堆形状模拟和散体筛分过程模拟等方面得到应用，并且这种方法可以用到采煤工程中，可以模拟放顶煤的移动过程，其应用前景广阔。

第4章 散体流动时空演化仿真模型研究

第2章我们研究了散体流动九块模型，没有考虑散体流动时间因素，这是因为，放矿过程中崩落散体随着铲运机不断铲出而流动，每块矿石和岩石没有流变的性质，当崩落的矿石被放出后，形成空区，空区顶板及地表将随着时间的流逝而发生沉降，我们用随机介质的观点把岩层离散化，地层的移动可以看做每一块的移动，这些单元块不是瞬间就冒落，而是有一定的时间，所以可以把这些岩块看成具有流变的性质，并结合第2章的理论，建立散体流动时空演化模型。

4.1 岩层单元块流动的流变性质

流变性是指岩体受力时，其变形随时间而变化的性质。由矿层顶板一直到地表的岩块的移动最初是由顶板的下沉开始的。在开采后所暴露的顶板并不是立即下沉而是逐渐下沉的，即顶板岩石的移动有流变的性质[90]。这种性质可以用流变学的开尔文模型相当近似地表示（图4-1），其中弹簧 A 的弹性为 k，缓冲器（活塞和油缸）B 的黏性为 μ。设在 $t=0$ 起加到开尔文模型以常力 P，这样，系统就被压缩，其压缩的值即相当于顶板岩块下沉的值 W。

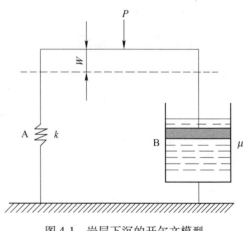

图 4-1 岩层下沉的开尔文模型

元件 A 为弹簧，具有完全弹性，其应力应变关系符合虎克定律[91,92]，可写为

$$P = kW \tag{4-1}$$

元件 B 符合牛顿流体条件，可写为

$$P = \mu \frac{\mathrm{d}W}{\mathrm{d}t} \tag{4-2}$$

由于是并联，所以两元件上应力之和应等于总应力 σ，有

$$P = kW + \mu \frac{\mathrm{d}W}{\mathrm{d}t} \tag{4-3}$$

由于 P 和 μ 都是常数，可以写成

$$\frac{P}{\mu} = \frac{k}{\mu}W + \frac{\mathrm{d}W}{\mathrm{d}t} \tag{4-4}$$

式（4-4）是一个变量为 W 的一元一次常微分方程，它的解是

$$W = \frac{P}{k}(1 - \mathrm{e}^{-\frac{k}{\mu}t}) \tag{4-5}$$

式中，t 为持续时间。

在 $t \to +\infty$ 时最大下沉量为：

$$W_{\max} = \frac{P}{k} \tag{4-6}$$

令 $\dfrac{k}{\mu} = \alpha$ ，则得：

$$f = \frac{W}{W_{\max}} = 1 - \mathrm{e}^{-\alpha t} \tag{4-7}$$

f 称为岩块流动的沉降系数，α 称为岩块流动时间影响系数[93]。

4.2 岩块流动的时间过程及其概率论解释

既然靠近顶板的岩块的移动有流变的性质，我们可以设想岩层中的各个岩块的流动都有流变的性质，即每个岩块都需要有一定的弛豫时间来重新分布应力，发展裂缝，并随着变形下沉。因此就不难理解为何在图 4-2 上靠近矿层的顶板岩块的流动虽然明显的观察到了，但是地表却要在过一定时间后才能被明显地观测到下沉。从每个岩块单独来看时间系数可以用式（4-7）来表示，但各岩块合在一起时，则时间系数与岩性和开采深度显然有关。对于岩性的影响，我们可以用表征个别岩块流动弛豫过程的系数 α 来表示。为了研究时间系数与深度之间的关系我们可以用概率统计的理论作为分析问题的工具[94]。

我们先将顶板下沉的影响系数 $f = 1 - \mathrm{e}^{-\alpha t}$ 表示成概率分布函数。

根据概率的定义：如果一个事件不可能发生，则其概率取为零，如果必然发生，则其概率取为 1，如果有某种可能发生，则用 0 和 1 之间的数值来作为该事件发生的概率，可能性大的，概率也大。

现设：顶板岩块 a 沉落的这一事件为 A（图 4-2），则在顶板刚暴露的瞬间 $t = 0$ 时，没有下沉，记其概率为：

$$P(0, A) = 0 \tag{4-8}$$

而在顶板暴露相当久，$t \to +\infty$ 时，则必然冒落或下沉及底板，记其概率为：

$$P(+\infty, A) = 1 \tag{4-9}$$

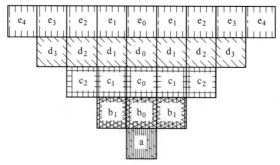

图 4-2　顶板岩层

但如果在某一有限的 t 时间，则顶板岩块沉落的可能性可用满足式（4-8）和式（4-9）的式（4-7）来表示，即有：

$$P(t,A) = 1 - e^{-\alpha t} \tag{4-10}$$

顶板岩块沉落的概率可以理解为顶板随着时间的冒落的可能性的大小，或者是顶板随着时间下沉量的大小。时间越长则顶板冒落的可能性越大，其相对下沉量或时间系数也就越大。

4.3　散体流动时空演化模型的建立

为了简化数学运算和突出说明岩块移动过程的物理现象，在下面的讨论中我们假定各岩块的性质相同，二岩块之间的距离相等同为 λ。

由图 4-3 可见，只有岩块 a 下沉后，空出了一定的位置，距其上 λ 的 b 岩层中相邻九块中的某岩块（假设是 b_0 岩块）才有可能下沉。如果岩块 a 在顶板暴露后就冒落，则岩块 b_0 沉落的可能性就像没有 a 那样，根据前面的讨论，在发生 A 事件的条件下，岩块 b_0 沉落的 B 事件的概率为 $\frac{1}{4}(1 - e^{-\alpha t})$，这是以 A 发生为先决条件的条件概率，记为：

$$P(t,B/A) = \frac{1}{4}(1 - e^{-\alpha t}) \tag{4-11}$$

实际上岩块 a 的冒落不是马上发生，或者顶板下沉不是瞬时就到底板的。这样就使岩块 b_0 的下沉在时间上较岩块 a 有所延滞。根据这种设想，岩块 b_0 沉落的概率 $P(t, B)$，由概率论可以用 A 和 B/A 两事件的积合概率来表示：

$$
\begin{aligned}
P(t,B) &= \int_0^t P(t - \tau, B/A)\,dP(\tau, A) \\
&= \frac{1}{4}\alpha \int_0^t \left[1 - e^{-\alpha(t-\tau)}\right] e^{-\alpha\tau}\,d\tau \\
&= \frac{1}{4}(1 - e^{-\alpha t} - \alpha t e^{-\alpha t})
\end{aligned} \tag{4-12}
$$

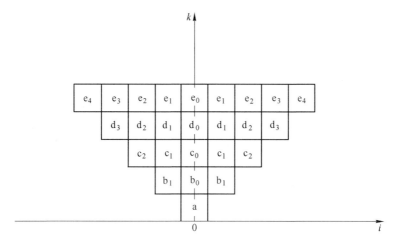

图 4-3 顶板岩层岩块的沉落概率

由图 4-4 可见，$P(t, B)$ 的曲线较 $P(t, A)$ 的曲线滞后一些，且起始较平缓。

根据这样的讨论 c 岩层中的相邻岩块 c_0 要在岩块 b_0 下沉并空出一定位置后，才有可能下沉，当 B 事件发生后，岩块 c_0 沉落的 C 时间的概率为 $\frac{3}{8}(1 - e^{-\alpha t})$，其条件概率记为：

$$P(t, C/B) = \frac{3}{8}(1 - e^{-\alpha t}) \tag{4-13}$$

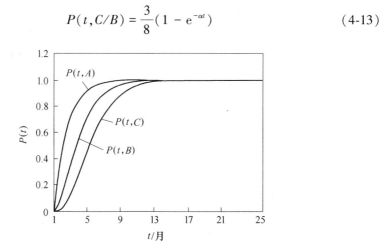

图 4-4 不同岩块的下沉的概率分布曲线

取 0.63/月而岩块 c 下沉的概率为：

$$P(t, C) = \int_0^t P(t - \tau, C/B)\, dP(\tau, B)$$

$$= \frac{9}{64}\alpha^2 \int_0^t \left[1 - e^{-\alpha(t-\tau)} \right] \tau e^{-\alpha\tau} d\tau$$

$$= \frac{9}{64}\left[1 - e^{-\alpha t} - \alpha t e^{-\alpha t} - \frac{(\alpha t)^2}{2} e^{-\alpha t} \right]$$

(4-14)

由图 4-4 可见，$P(t, C)$ 曲线较 $P(t, B)$ 又有滞后，且起始段还平缓一些。

用归纳法可以证明，如以 λ 表示每一单位岩块的厚度，结合式（2-1），可得在距离矿层 $n\lambda$ 处的 $N(i, j, n)$ 岩块的沉落概率为：

$$P(t,i,j,n) = \frac{1}{16^n} C_{2n}^{|i|+n} C_{2n}^{|j|+n} \left[1 - e^{-\alpha t} - \alpha t e^{-\alpha t} - \cdots - \frac{(\alpha t)^n}{n!} e^{-\alpha t} \right]$$

$$= \frac{1}{16^n} C_{2n}^{|i|+n} C_{2n}^{|j|+n} \left[1 - e^{-\alpha t} \sum_{\xi=0}^{n} \frac{(\alpha t)^\xi}{\xi!} \right]$$

(4-15)

式（4-15）为散体移动时空演化模型的基本公式，通过此式可以计算空区上覆岩层任一岩块 t 时刻的移动概率，便于进行计算机随机模拟。

将式（2-4）和式（4-15）结合，可以得到散体移动时空演化模型更一般的公式：

$$P(t,i,j,n) = \frac{1}{(m+2)^{2n}} C_{mn}^{|i|+(m-1)n} C_{mn}^{|j|+(m-1)n} \left[1 - e^{-\alpha t} - \alpha t e^{-\alpha t} - \cdots - \frac{(\alpha t)^n}{n!} e^{-\alpha t} \right]$$

$$= \frac{1}{(m+2)^{2n}} C_{mn}^{|i|+(m-1)n} C_{mn}^{|j|+(m-1)n} \left[1 - e^{-\alpha t} \sum_{\xi=0}^{n} \frac{(\alpha t)^\xi}{\xi!} \right]$$

(4-16)

4.4　散体流动时空演化模型中参数 α 的计算方法

时间影响系数 α 可由式（4-7）确定，在数学上，可以采用最小二乘法原理[95,96]，通过对非线性函数进行曲线拟合，同时也可以用 Matlab 工具进行参数估计。

4.4.1　最小二乘法基本原理

从整体上考虑近似函数 $p(x)$ 同所给数据点 (x_i, y_i) $(i=0, 1, \cdots, m)$ 误差 $r_i = p(x_i) - y_i$ $(i=0, 1, \cdots, m)$ 的大小，常用的方法有以下三种：一是误差 $r_i = p(x_i) - y_i$ $(i=0, 1, \cdots, m)$ 绝对值的最大值 $\max_{0 \leq i \leq m}|r_i|$，即误差向量 $\boldsymbol{r} = (r_0, r_1, \cdots, r_m)^{\mathrm{T}}$ 的 ∞ 范数；二是误差绝对值的和 $\sum_{i=0}^{m}|r_i|$，即误差向量 $\boldsymbol{r}$ 的 1 范数；三是误差平方和 $\sum_{i=0}^{m}r_i^2$ 的算术平方根，即误差向量 $\boldsymbol{r}$ 的 2 范数；前两种方

法简单、自然，但不便于微分运算，后一种方法相当于考虑 2 范数的平方，因此在曲线拟合中常采用误差平方和 $\sum\limits_{i=0}^{m} r_i^2$ 来度量误差 r_i ($i=0$, 1, $\cdots$, m) 的整体大小。

数据拟合的具体作法是：对给定数据 (x_i, y_i) ($i=0$, 1, $\cdots$, m)，在取定的函数类 Φ 中，求 $p(x) \in \Phi$，使误差 $r_i = p(x_i) - y_i$ ($i=0$, 1, $\cdots$, m) 的平方和最小，即

$$\sum_{i=0}^{m} r_i^2 = \sum_{i=0}^{m} \left[p(x_i) - y_i \right]^2 = \min \tag{4-17}$$

从几何意义上讲，就是寻求与给定点 (x_i, y_i) ($i=0$, 1, $\cdots$, m) 的距离平方和为最小的曲线 $y = p(x)$ (图 4-5)。函数 $p(x)$ 称为拟合函数或最小二乘解，求拟合函数 $p(x)$ 的方法称为曲线拟合的最小二乘法。

在曲线拟合中，函数类 Φ 可有不同的选取方法。

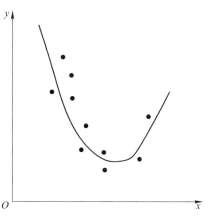

图 4-5　曲线拟合

4.4.2　多项式拟合

假设给定数据点 (x_i, y_i) ($i=0$, 1, $\cdots$, m)，Φ 为所有次数不超过 $n(n \leqslant m)$ 的多项式构成的函数类，现求一 $p_n(x) = \sum\limits_{k=0}^{n} a_k x^k \in \Phi$，使得

$$I = \sum_{i=0}^{m} \left[p_n(x_i) - y_i \right]^2 = \sum_{i=0}^{m} \left(\sum_{k=0}^{n} a_k x_i^k - y_i \right)^2 = \min \tag{4-18}$$

当拟合函数为多项式时，称为多项式拟合，满足式（4-18）的 $p_n(x)$ 称为最小二乘拟合多项式。特别地，当 $n=1$ 时，称为线性拟合或直线拟合。

显然

$$I = \sum_{i=0}^{m} \left(\sum_{k=0}^{n} a_k x_i^k - y_i \right)^2 \tag{4-19}$$

为 a_0, a_1, $\cdots$, a_n 的多元函数，因此上述问题即为求 $I = I(a_0, a_1, \cdots, a_n)$ 的极值问题。由多元函数求极值的必要条件，得

$$\frac{\partial I}{\partial a_j} = 2 \sum_{i=0}^{m} \left(\sum_{k=0}^{n} a_k x_i^k - y_i \right) x_i^j = 0 \tag{4-20}$$

$$j = 0, 1, \cdots, n$$

即

$$\sum_{k=0}^{n} \Big(\sum_{i=0}^{m} x_i^{j+k} \Big) a_k = \sum_{i=0}^{m} x_i^j y_i \tag{4-21}$$

$$j = 0, 1, \cdots, n$$

式（4-21）是关于 a_0，a_1，$\cdots$，a_n 的线性方程组，用矩阵表示为

$$\begin{bmatrix} m+1 & \sum\limits_{i=0}^{m} x_i & \cdots & \sum\limits_{i=0}^{m} x_i^n \\ \sum\limits_{i=0}^{m} x_i & \sum\limits_{i=0}^{m} x_i^2 & \cdots & \sum\limits_{i=0}^{m} x_i^{n+1} \\ \vdots & \vdots & & \vdots \\ \sum\limits_{i=0}^{m} x_i^n & \sum\limits_{i=0}^{m} x_i^{n+1} & \cdots & \sum\limits_{i=0}^{m} x_i^{2n} \end{bmatrix} \begin{bmatrix} a_0 \\ a_1 \\ \vdots \\ a_n \end{bmatrix} = \begin{bmatrix} \sum\limits_{i=0}^{m} y_i \\ \sum\limits_{i=0}^{m} x_i y_i \\ \vdots \\ \sum\limits_{i=0}^{m} x_i^n y_i \end{bmatrix} \tag{4-22}$$

式（4-21）或式（4-22）称为正规方程组。

可以证明，方程组（4-22）的系数矩阵是一个对称正定矩阵，故存在唯一解。从式（4-22）中解出 a_k（$k=0$，1，$\cdots$，n），从而可得多项式

$$p_n(x) = \sum_{k=0}^{n} a_k x^k \tag{4-23}$$

可以证明，式（4-23）中的 $p_n(x)$ 满足式（4-18），即 $p_n(x)$ 为所求的拟合多项式。我们把 $\sum\limits_{i=0}^{m} \big[p_n(x_i) - y_i \big]^2$ 称为最小二乘拟合多项式 $p_n(x)$ 平方误差，记作 $\| r \|_2^2 = \sum\limits_{i=0}^{m} \big[p_n(x_i) - y_i \big]^2$。

由式（4-20）可得

$$\| r \|_2^2 = \sum_{i=0}^{m} y_i^2 - \sum_{k=0}^{n} a_k \Big(\sum_{i=0}^{m} x_i^k y_i \Big) \tag{4-24}$$

多项式拟合的一般方法可归纳为以下几步：

（1）由已知数据画出函数粗略的图形——散点图，确定拟合多项式的次数 n。

（2）列表计算 $\sum\limits_{i=0}^{m} x_i^j (j = 0, 1, \cdots, 2n)$ 和 $\sum\limits_{i=0}^{m} x_i^j y_i (j = 0, 1, 2, \cdots, 2n)$。

（3）写出正规方程组，求出 a_0，a_1，$\cdots$，a_n。

（4）写出拟合多项式 $p_n(x) = \sum\limits_{k=0}^{n} a_k x^k$。

在实际应用中，$n < m$ 或 $n \leqslant m$；当 $n = m$ 时所得的拟合多项式就是拉格朗日或牛顿插值多项式。

4.4.3 α 计算实例

某矿区实测 12 号地表点下沉值[97]列于表 4-1，最终下沉深度为 587mm，根据这些实测和实际计算值可以估算出 α。

我们对式（4-7）移项和两边求对数：

$$\ln\left(\frac{1}{1-f}\right) = \alpha t \qquad (4\text{-}25)$$

令 $F = \ln\left(\frac{1}{1-f}\right)$，则式（4-25）就可以写成如下形式：

$$F = \alpha t \qquad (4\text{-}26)$$

表 4-1　某矿区实测 12 号地表点下沉值观测统计

序号	观测日期	实际下沉值/mm	持续时间/月	和第一次观测下沉值之差/mm	下沉速度实际计算值/mm·m⁻¹	计算 f 值
0	8.10	4	0	0	0	0
1	9.3	85	0.8	81	101.25	0.442539
2	9.15	262	1.2	258	442.5	0.723842
3	10.4	426	2.3	422	149.1	0.93825
4	11.1	551	3.2	547	134	0.943396
5	12.1	554	4.2	550	3	0.962264
6	3.12	565	7.6	561	3.27	0.987993
7	6.9	580	10.5	576	5.11	0.994854
8	7.16	584	11.7	580	3.33	0.994854

由式（4-26）可见，F 是 t 的线性函数，这里取 n＝1，列表如下（表 4-2）。

表 4-2　最小二乘法计算表

i	t_i	F_i	t_i^2	$t_i F_i$
0	0.8	0.584363	0.64	0.46749
1	1.2	1.286782	1.44	1.544139
2	2.3	2.784661	5.29	6.404721
3	3.2	2.871676	10.24	9.189362
4	4.2	3.277141	17.64	13.76399
5	7.6	4.422265	57.76	33.60922
6	10.5	5.269536	110.25	55.33012
7	11.7	5.269575	136.89	1.750175
Σ	41.5	25.766	340.15	181.9631

正规方程组为

$$\begin{bmatrix} 8 & 41.5 \\ 41.5 & 340.15 \end{bmatrix} \begin{bmatrix} 0 \\ \alpha \end{bmatrix} = \begin{bmatrix} 25.766 \\ 181.9631 \end{bmatrix} \tag{4-27}$$

解式（4-27）得两个 α 值：

$\alpha_1 = 0.62/$月，$\alpha_2 = 0.54/$月，求平均值计算出 α。

$\alpha = 0.58/$月。

则该矿 12 号点的下沉系数与时间关系式为：

$$f = 1 - e^{-0.58t} \tag{4-28}$$

下沉值与时间关系为：

$$W = W_{\max}(1 - e^{-\alpha t}) = 587(1 - e^{-0.58t}) \tag{4-29}$$

理论计算的 f 值和速度值见表 4-3。

表 4-3　理论计算值

序号	下沉速度实际计算值 /mm · m^{-1}	实际计算 f 值	下沉速度理论计算值 /mm · m^{-1}	理论计算 f 值
0	0	0	0	0
1	101.25	0.1389365	272.3947	0.371236
2	442.5	0.4425386	191.0508	0.501424
3	149.09091	0.7238422	125.4868	0.736579
4	138.88889	0.9382504	69.86924	0.843703
5	3	0.9433962	40.3776	0.91249
6	3.2352941	0.9622642	13.00562	0.98782
7	5.1724138	0.9879931	2.006751	0.997735
8	3.3333333	0.994854	0.55566	0.998871

下沉系数 f 与时间 t 关系曲线见图 4-6，下沉速度 v 与时间 t 关系曲线见图 4-7。

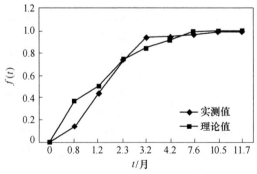

图 4-6　下沉系数 f 与时间 t 的关系曲线

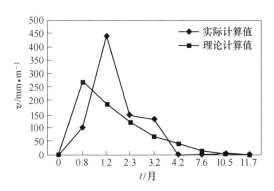

图 4-7 下沉速度 v 与时间 t 的关系曲线

4.4.4 利用 Matlab 工具估计 α 值

Matlab 语言是集数值计算、符号运算和图形处理等强大功能于一体的科学计算语言，适用于工程应用各领域的分析、设计和复杂计算，而且易学易用，不要求使用者具备高深的数学知识和编程技巧。在此方面，Matlab 具有一般高级语言无法比拟的优势。

在 Matlab 环境中，提供了许多函数来实现曲线拟合[98]，下面介绍曲线拟合法的 Matlab 实现方法。

（1）使用 Matlab 的最优化工具箱中的 lsqcurvefit（）函数来实现该函数的调用格式为：

［a，res］＝lsqcurvefit（原型函数名，a0，x，y）

其中：a0 为最优化的初值；x，y 为原始输入输出数据矢量。

调用该函数则将返回待定系数向量 a，以及在此待定系数下的目标函数的值 res。

（2）采用线性方程组编程实现

根据上述的线性方程组的构造原则，针对不同的原型函数，他的构造矩阵不同，编写的程序不同。

针对多项式拟合的实现，除了上述方法外，还可采用多项式拟合函数来实现。Matlab 提供多项式拟合函数：

p＝ployfit（x，y，m）

其中：2 个输入参数 x，y 是矢量，表示已知的原始的输入值和输出值；m 为拟合多项式的次数。当 m＝1 时为线性拟合。

以及求解多项式拟合的测试函数：

y1＝polyval（p，x1）

其中：x1 为测试数据矢量；y1 为多项式拟合曲线的输出矢量。

从 4.4.3 节实例出发，利用 Matlab 实现值估计，具体方法和步骤如下：

（1）先 edit 一函数：

```
functionF = fun(α, t)
F = 583 * (1-exp (-1 * (1) * x));
```

并保存为 curvefit. m 文件。

（2）在 Matlab 里写如下代码：

```
t = [0, 0.8, 1.2, 2.3, 3.2, 4.2, 7.6, 10.5, 11.7];
w = [0, 81, 258, 422, 547, 550, 561, 576, 580];
[A, res] = lsqcurvefit ('curvefit', 0.001 * ones (1, 2), t, w);
```

保存后运行，拟合成功后可以得到参数的值为 0.52，与 4.4.3 节计算的很接近，说明这两种方法都是可行的，从图 4-6、图 4-7 和图 4-8、图 4-9 比较得出，利用 Matlab 工具箱对式（4-7）拟合的结果基本一致。

下沉系数 f 与时间 t 关系曲线见图 4-8，下沉速度 v 与时间 t 关系曲线见图 4-9。

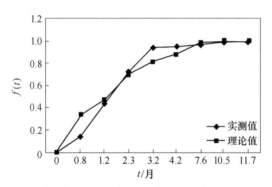

图 4-8　下沉系数 f 与时间 t 的关系曲线

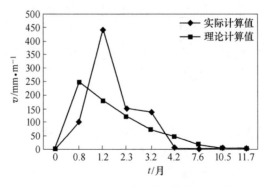

图 4-9　下沉速度 v 与时间 t 的关系曲线

4.5 地表下沉延迟时间 t_y

地表移动时间过程的研究，早期主要是从工程实用出发，引入"时间系数"[99]概念，用此系数乘以该点的最终下沉值，得到瞬间的下沉值。但不同的矿区以及开采条件等因素，都会对系数有影响。

把地表移动过程大体经历两个阶段[100]，即前期的下沉活跃阶段和后期的衰退阶段，这两个阶段和井下开采活动密不可分，前者受充分采动的影响，宏观上表现为覆岩的离层和垮落，岩层移动下沉较剧烈；后者反映充分采动后覆岩随时间推移而发生的压密过程，地表移动较迟缓。上述两阶段在变形特性上有明显的差异。由流变公式可以看出，当 $t \to +\infty$ 时，$W_{\max} = \dfrac{P}{k}$，趋于常数，流变模型相当于把弹性变形通过阻尼作用推迟了，为了反映这种变形推迟的早晚，引入延迟时间 t_y。来衡量地表下沉的速度。

式（4-5）中，令

$$t = t_y = \frac{\mu}{k}$$

则：

$$W = \frac{P}{k}\left(1 - \frac{1}{e}\right) = 0.632 W_{\max}$$

达到最终下沉量的 63.2% 所用的时间 t_y，即为下沉量延迟时间。

引入地表下沉延迟时间，一方面可以作为上述两阶段的分界点，另一方面，由于不同的采矿地质条件，对应不同的下沉延迟时间，利用计算出的延迟时间 t_y，可以作为开采沉陷区采动剧烈程度的量化指标。

第5章 散体流动仿真系统研究与开发

计算机仿真[101]是利用计算机对自然现象、系统工程、运动规律以至人脑思维等客观世界进行逼真的模拟。这种仿真是数值模拟进一步发展的必然结果。随着计算机的普及与进步，计算机仿真在工程设计、生产管理、实验研究、人员培训、系统分析等各个领域得到越来越广泛的应用。数值模拟与计算机图形、图像技术、可视化技术相结合以后，计算机仿真的应用范围更加扩大，其发展速度也更为迅速。计算机仿真不仅在科学计算方面得到应用，并且在国防、工业、农业、服务业及社会经济、文化等各方面都有成功应用的例子。

系统仿真首先要建立系统的数学模型，然后将数学模型放到计算机上进行"实验"。因此，系统仿真一般要经过建模阶段、模型变换阶段和模型试验阶段。建模阶段主要任务是依据研究目的、系统特点和已有的实验数据建立数学模型。常用的数学模型有微分方程、优化模型和网络模型等。模型变换阶段的主要任务是把所建立的数学模型变换为适用于计算机的处理的形式，这常称为仿真算法。目前，对连续变量及离散变量的模型已有了多种仿真算法可供选用。最后为模型试验阶段，可输入各种必要的原始数据，根据计算机运算结果输出仿真试验报告。在采矿工程中仿真技术已经应用到很多地方，如采矿工艺仿真、采矿虚拟现实、散体移动仿真、放矿仿真和通风仿真等。我们在研究九块模型和建立散体移动空位填充法和时空演化模型基础上，研发了放矿计算机仿真系统、随机颗粒移动仿真系统和地表沉降仿真系统等，这其中用到了很多软件编制技术和方法，本章主要介绍这些技术和方法和放矿计算机仿真系统编制过程，可为编制相关软件的同行提供借鉴。

5.1 软件开发的关键技术与方法

5.1.1 开发语言的选择

计算机程序设计语言可分为四种[102]：一是过程式程序设计（结构化）语言；二是函数设计语言，如 FP；三是逻辑程序设计型语言，如 prolog；四是面向对象的程序设计语言；如 VB、VC 和新编程语言 C#等，其中最有影响和应用最广泛的是结构化语言和现代的面向对象编程语言。经过比较选择，最后选用的是. NET 平台的原生编程语言 C#（发音 C Sharp）。

C#是一种现代的面向对象的程序开发语言，它使得程序员能够在微软. NET

平台上快速开发种类丰富的应用程序。

由于其一流的面向对象的设计，从构建组件形式的高层商业对象到构造系统级应用程序，你都会发现，C#将是最合适的选择。使用 C#语言设计的组件能够用于 Web 服务，这样通过 Internet，可以被运行于任何操作系统上任何编程语言所调用。

不但如此，C#还能为 C++程序员提供快捷的开发方式，又没有丢掉 C 和 C++的基本特征——强大的控制能力。C#与 C 和 C++有着很大程度上的相似性，熟悉 C 和 C++的开发人员很快就能精通 C#。

C#在带来对应用程序的快速开发能力的同时，并没有牺牲 C 与 C++程序员所关心的各种特性。它忠实地继承了 C 和 C++的优点。如果你对 C 或 C++有所了解，你会发现它是那样的熟悉。即使你是一位新手，C#也不会给你带来任何其它的麻烦，快速应用程序开发（Rapid Application Development，RAD）的思想与简洁的语法将会使你迅速成为一名熟练的开发人员。

正如前文所述，C#是专门为 . NET 应用而开发出的语言。这从根本上保证了 C#与 . NET 框架的完美结合。在 . NET 运行库的支持下，. NET 的各种优点在 C# 中表现得淋漓尽致。让我们先来看看 C#的一些突出的特点，你将会深深体会到 "#" SHARP 的真正含义。

5.1.1.1 简洁的语法

在缺省的情况下，C#的代码在 . NET 框架提供的"可操控"环境下运行，不允许直接地内存操作。它所带来的最大特色是没有了指针。与此相关的，那些在 C++ 中被疯狂使用的操作符（例如："::"、"—）"和"."）已经不再出现。C#只支持一个"."，"."对于我们来说，现在需要理解的一切仅仅是名字嵌套而已。

C#用真正的关键字换掉了那些把活动模板库（Active Template Library，ALT）和 COM 搞得乱糟糟的伪关键字，如 OLE－COLOR、BOOL、VARIANT_ BOOL、DISPD_ ××××等等。每种 C#类型在 . NET 类库中都有了新名字。

语法中的冗余是 C++中的常见的问题，比如"const"和"#define"、各种各样的字符类型等等。C#对此进行了简化，只保留了常见的形式，而别的冗余形式从它的语法结构中被清除了出去。

5.1.1.2 精心地面向对象设计

也许你会说，从 Smalltalk 开始，面向对象的话题就始终缠绕着任何一种现代程序设计语言。的确，C#具有面向对象的语言所应有的一切特性：封装、继承与多态，这并不出奇。然而，通过精心地面向对象设计，从高级商业对象到系统级应用，C#是建造广泛组件的绝对选择。

　　在 C#的类型系统中，每种类型都可以看作一个对象。C#提供了一个叫做装箱（boxing）与拆箱（unboxing）的机制来完成这种操作，而不给使用者带来麻烦。

　　C#只允许单继承，即一个类不会有多个基类，从而避免了类型定义的混乱。C#中没有了全局函数，没有了全局变量，也没有了全局常数。一切的一切，都必须封装在一个类之中。你的代码将具有更好的可读性，并且减少了发生命名冲突的可能。

　　整个 C#的类模型是建立在 . NET 虚拟对象系统（Visual Ohject System，VOS）的基础之上，其对象模型是 . NET 基础架构的一部分，而不再是其本身的组成成分。这样做的另一个好处是兼容性。

　　借助于从 VB 中得来的丰富的 RAD 经验，C#具备了良好的开发环境。结合自身强大的面向对象功能，C#使得开发人员的生产效率得到极大的提高。对于公司而言，软件开发周期的缩短将能使它们更好地应付网络经济的竞争。在功能与效率的杠杆上人们终于找到了支点。

5.1.1.3　与 Web 的紧密结合

　　. NET 中新的应用程序开发模型意味着越来越多的解决方案需要与 Web 标准相统一，例如超文本标记语言（Hypenext Markup Language，HTML）和 XML。由于历史的原因，现存的一些开发工具不能与 Web 紧密地结合。SOAP 的使用使得C#克服了这一缺陷，大规模深层次的分布式开发从此成为可能。

　　由于有了 Web 服务框架的帮助，对程序员来说，网络服务看起来就像是 C#的本地对象。程序员们能够利用他们已有的面向对象的知识与技巧开发 Web 服务。仅需要使用简单的 C#语言结构，C#组件将能够方便地为 Web 服务，并允许它们通过 htmet 被运行在任何操作系统上的任何语言所调用。举个例子，XML 已经成为网络中数据结构传送的标准，为了提高效率，C#允许直接将 XML 数据映射成为结构。这样就可以有效地处理各种数据。

5.1.1.4　完全的安全性与错误处理

　　语言的安全性与错误处理能力，是衡量一种语言是否优秀的重要依据。任何人都会犯错误，即使是最熟练的程序员也不例外：忘记变量的初始化，对不属于自己管理范围的内存空间进行修改，……。这些错误常常产生难以预见的后果。一旦这样的软件被投入使用，寻找与改正这些简单错误的代价将会是让人无法承受的。C#的先进设计思想可以消除软件开发中的许多常见错误，并提供了包括类型安全在内的完整的安全性能。为了减少开发中的错误，C#会帮助开发者通过更少的代码完成相同的功能，这不但减轻了编程人员的工作量，同时更有效地避免了错误发生。

.NET 运行库提供了代码访问安全特性，它允许管理员和用户根据代码的 ID 来配置安全等级。在缺省情况下，从 Internet 和 Internet 下载的代码都不允许访问任何本地文件和资源。比方说，一个在网络上的共享目录中运行的程序，如果它要访问本地的一些资源，那么异常将被触发，它将会无情地被异常扔出去，若拷贝到本地硬盘上运行则一切正常。内存管理中的垃圾收集机制减轻了开发人员对内存管理的负担。.NET 平台提供的垃圾收集器（Garbage Collection）将负责资源的释放与对象撤销时的内存清理工作。

变量类型是安全的。C#中不能使用未初始化的变量，对象的成员变量由编译器负责将其置为零，当局部变量未经初始化而被使用时，编译器将做出提醒：C#不支持不安全的指向，不能将整数指向引用类型，例如对象，当进行下行指向时，C#将自动验证指向的有效性：C#中提供了边界检查与溢出检查功能。

5.1.1.5 版本处理技术

C#提供内置的版本支持来减少开发费用，使用 C#将会使开发人员更加轻易地开发和维护各种商业应用。

升级软件系统中的组件（模块）是一件容易产生错误的工作。在代码修改过程中可能对现存的软件产生影响，很有可能导致程序的崩溃。为了帮助开发人员处理这些问题，C#在语言中内置了版本控制功能。例如：函数重载必须被显式地声明，而不会像在 C++或 Java 中经常发生的那样不经意地被进行，这可以防止代码级错误和保留版本化的特性。另一个相关的特性是接口和接口继承的支持。这些特性可以保证复杂的软件可以被方便地开发和升级。

5.1.1.6 灵活性和兼容性

在简化语法的同时，C#并没有失去灵活性。尽管它不是一种无限制的语言，比如：它不能用来开发硬件驱动程序，在默认的状态下没有指针等等。但它仍然是那样的灵巧。

如果需要，C#允许你将某些类或者类的某些方法声明为非安全的。这样一来，你能够使用指针、结构和静态数组，并且调用这些非安全的代码不会带来任何其他的问题。此外，它还提供了一个另外的东西（这样的称呼多少有些不敬）来模拟指针的功能 delegates（代表）。再举一个例子：C#不支持类的多继承，但是通过对接口的继承，你将获得这一功能。

下面谈谈兼容性：正是由于其灵活性，C#允许与 C 风格的需要传递指针型参数的 API 进行交互操作，DLL 的任何入口点都可以在程序中进行访问。C#遵守 .NET 公用语言规范（Command Language Specification，CLS），从而保证了 C#

组件与其他语言组件间的互操作性。数据（Meudau）概念的引入既保证了兼容性又实现了类型安全。

Microsoft. NET 计划将彻底改变我们对因特网的认识，从而在这样一个网络时代彻底改变我们的生活。软件是一种服务，技术是我们的仆人，时间与地点将不再是我们面前的障碍。建立在 CU 与类库基础上的 . NET 框架是 . NET 平台的核心组件之一，为软件的可移植性与可扩展能力奠定了坚实的基础，并为 C#语言的应用创造了良好的条件。

5.1.2　软件开发的关键方法介绍

5.1.2.1　GDI+编程技术

A　GDI+简介

当我们需要绘制程序或打印图形和文本时，就需要使用 GDI（Graphics Device Interface，图形设备接口），从程序设计的角度看，GDI 包括两部分，一部分是 GDI 对象，另一部分是 GDI 函数。GDI 对象定义了 GDI 函数使用的工具和环境变量，而 GDI 函数使用 GDI 对象绘制各种图形。

GDI+是 GDI 的改良版本，GDI+不但提供了更多的函数和方法，而且也改变了原有的编程模式。

GDI+提供的是非状态编程模式（GDI 提供的是状态编辑模式），程序员不需要记住绘图平面以前的状态，在调用绘图方法时提供了需要的属性。这样就避免了绘制不同属性的图形时产生的混乱。

除了编程模式发生了改变外，GDI+还提供了更多的易于使用的绘图函数，在二维图形绘制方面，GDI+提供了以下增强内容：

（1）对所有的图形元素支持 Alpha 混合；

（2）反锯齿处理；

（3）渐变色和纹理填充；

（4）宽线条；

（5）基本样条曲线；

（6）可缩放区域；

（7）浮动坐标系；

（8）复合线条；

（9）嵌入画笔；

（10）高质量过滤和缩放；

（11）更多的线条样式和端点选项。

以往使用 GDI 显示高质量图片是很难的，起码不是普通程序员可以胜任的工作，而 GDI+对多种图像格式的显示和图像的处理提供了多方面的支持，包括：

（1）对 JPEG、PNG、GIF、BMP、TIFF、EXIF 和 ICON 图像文件的本地支持。

（2）为多种光栅图像格式的编码和解码提供了公用接口。

（3）对本地图像像素处理的支持，比如亮度/对比度、颜色平衡、模糊和减弱等，还支持通常的旋转和剪切等操作。

（4）动态添加图像文件格式的可扩展支持。

在文字排版处理上，GDI+也提供了高级的支持，包括：

（1）本地 Clear Type 支持；

（2）纹理和渐变色填充文本；

（3）多平台 Unicode 完全支持；

（4）支持所有 Windows 2000 脚本；

（5）已经升级到 Unicode3.0 标准；

（6）文本线条服务，使文本具有更好的可读性。

B   绘图屏幕（Graphics）

在 GDI+中，绘图平面由 Graphics 实现，所有的绘图操作都是通过调用 Graphics 的方法实现的。

在程序中大量用到了在窗体上绘图，Windows Forms 提供了一个创建和窗体关联的 Graphics 对象的方法——CreateGraphics。例如：

Graphics g=this. CreateGrapics（）;

使用这种方法创建的 Graphics 对象将把当前窗体的刷子、字体、前景颜色和背景颜色作为它的缺省值。当不再使用这个 Graphics 对象时，需要调用它的 Dispose 方法把它销毁掉，而且这种 Graphics 对象只有在处理当前 Windows 窗口消息的过程中有效。

使用窗体的 Graphics 对象绘制的任何图形都会显示在窗体上。

C   画笔（Pen）

画笔用于指定图形的轮廓属性，包括颜色和宽度。程序中用到画笔对象是这样创建的：

Pen p=new Pen（Color. Red）;

创建了一个红色的画笔对象，它的宽度为缺省值1.0。

D   刷子（Brush）

刷子用于绘制图形对象内部的填充区域，GDI+提供了以下具有不同特性和用途的刷子类，它们都继承自抽象基类 Brush。

（1）SolidBrush；

（2）HatchBrush；

（3）TextureBrush；

（4）LinearGradientBrush；

（5）PathGradientBrush。

程序中显示的一个个图形模块（表示矿石或岩石）用的是 PathGradientBrush 类。效果很好，下面是实现的方法（假设已有 4 个点 point1、point2、point3、point4）：

```
Graphics gh = this. CreateGraphics （）;
  GraphicsPath path = new GraphicsPath （
  new Point ［］
   ｛
    point1，point2，point3，point4
  ｝，
  new byte ［］
   ｛                        （byte）PathPointType. Start，（byte）
    PathPointType. Line，    （byte）PathPointType. Line，（byte）
    PathPointType. Line
  ｝
  ）;
//使用路径对象构造 PathGradientBrush 刷子
PathGradientBrush brush = new PathGradientBrush （path）;
//设置刷子的中心颜色和位置
  brush. CenterColor = Color. LightSkyBlue;
    brush. CenterPoint = new Point （point1. X+ （point2. X−point1. X)/2，point1.
                    Y+ （point2. Y−point1. Y)/2）;
//设置刷子路径上顶点的颜色
brush. SurroundColors = new Color ［］
   ｛                        Color. ForestGreen，Color. ForestGreen，
      Color. ForestGreen，Color. ForestGreen
  ｝;
//绘制填充的路径对象
gh. FillPath （brush，path）;
//销毁前面的路径和刷子
brush. Dispose （）;
path. Dispose （）;
```

画笔类和刷子类的其他属性和用法请参考文献［103］。

5.1.2.2　双缓存编程技术

在编制崩落法放矿计算机仿真系统、随机颗粒移动仿真系统和地表沉降仿真

系统中，需要经常重新绘制图形，这样使得屏幕闪烁的非常厉害，针对这种情况，本文使用了双缓存编程技术[104]，是屏幕刷新速度加快，避免了屏幕闪烁的问题。

实现双缓冲的具体步骤：

（1）在内存中建立一块"虚拟画布"：

Bitmap　bmp　=　new　Bitmap（600，600）；

（2）获取这块内存画布的 Graphics 引用：

Graphics　g　=　Graphics. FromImage（bmp）；

（3）在这块内存画布上绘图，在 x = 10，y = 10 的位置开始，用红色充填了边长为 10 的正方形：

g. FillRectangle（new SolidBrush（Color. Red），　10，　10，　10，　10）；

（4）将内存画布画到窗口中：

this. CreateGraphics（）. DrawImage（bmp，0，0）；

5.1.2.3　OpenGL 编程技术

崩落法放矿计算机仿真系统一个重要的功能模块是放矿过程及放出体三维动画显示，作为子系统的开发，我们以 SQL Server 2000 为后台数据库，运用 OpenGL 编程技术[105]，对放矿的过程及放出体三维实现进行设计开发。

A　OpenGL 简介

要想获得具有真实感的放矿过程画面，必须对周围环境进行建模，建造虚拟环境。目前的三维造型软件如 AutoCAD、3DSMax 等已能建造出精确的几何形状模型。系统从环境数据库中读入三维模型数据后，通过使用 OpenGL 中的光照、材质以及纹理映射技术来表现其复杂而丰富多彩的外貌，以增加其真实感。

为了能将放矿过程和放出体用逼真的动画表现出来，我们要做到：一方面要优化算法，使得一步仿真计算所需时间尽可能短；另一方面还要采用先进的图形加速技术，使绘图时间尽可能短，以满足实时仿真的需求。

OpenGL 是一个工业标准的三维计算机图形软件接口，是一套独立于操作系统和硬件环境的三维图形库，具有强大的图形功能和良好的跨平台移植能力，包含众多的功能函数，能处理各种图形基本元素及图形特征效果，如明暗度、纹理贴图、帧缓冲、抗混淆、反走样、光照模型等，从绘制任何简单的 3D 物体到交互的动态场景，OpenGL 都能帮助用户高效地完成。具体地说，OpenGL 的功能包括：几何建模、坐标变换、颜色模式设置、光照和材质设置、图像效果、管理位图和图像、纹理映射、实时动画、交互技术等。OpenGL 在涉及图形图像处理的自然科学和工程技术应用领域，尤其是要求高实时性、大计算量和渲染量的仿真领域，有着广泛的应用。

在 Windows 中运用 OpenGL 进行主要的图形操作以及最终在计算机屏幕上绘制出三维场景的基本步骤和操作过程如图 5-1 所示。

图 5-1　OpenGL 基本图像操作过程

第一步建模，即对目标外形进行数学描述，用点、线、多边形等基本图元将目标表示出来；

第二步设置视景体。为使物体投影后相对大小尺寸不变，应设置正射投影的视景体，其为一个长方体形的平行管道；

第三步设置光照模型及物体材质（散射体物理特性）；

第四步调用已生成的目标显示列表，快速将目标图像显示在屏幕上；

第五步读取各像素点颜色分量，从而得出和点法矢分量。

B　几何模型的建立

OpenGL 提供了开发几何造型模块的功能，利用夹在 glBegin 和 glEnd 之间的一系列 glVertex 点来定义线、多边形和多面体等几何元素，不同的几何元素对应 glBegin 不同的参数，如定义了一个正方体：

```
GL. glBegin（GL. GL_ QUADS）；
    GL. glVertex3f（0. 5f, 0. 5f, -0. 5f）；
    GL. glVertex3f（-0. 5f, 0. 5f, -0. 5f）；
    GL. glVertex3f（-0. 5f, 0. 5f, 0. 5f）；
  GL. glVertex3f（0. 5f, 0. 5f, 0. 5f）；
……………………
GL. glEnd（）；
```

C　使用纹理映射

OpenGL 提供了纹理映射的功能，可以将 bmp 文件格式的图像映射到几何模型的表面，用 glBindTexture 建立一个指定的纹理，纹理映射中的值除了可以直接用于对绘制面着色，还可以利用纹理映射中的值来调制和混合原像素的颜色，从而产生特殊的效果。

D　显示列表的使用

在 OpenGL 中，显示列表是一项重要技术，它是一组被存储起来以备以后执行的 OpenGL 命令。函数 glNewList（）用来创建一个显示列表，函数 glEndList（）结束创建工作。绝大多数在 glNewList（）和 glEndList（）之间被调用的，如建立一个绘制名为 MY_ QUADS_ LIST 正方体的显示列表可以如下定义：

```
GL. glNewList（MY_ QUADS_ LIST，COMPILE）
  GL. glBegin（GL. GL_ QUADS）；
…………………
GL. glEnd（）；
  GL. glEndList（）；
```

OpenGL 命令都被添加到显示列表并被选择执行。如果要执行一个或一组显示表，你可调用函数 glCallList（）或 glCallLists（），并同时提供用于识别一个或一组特定显示表的数字。你可以通过函数 glGenLists（）、glListBase（）和 glIsList（）来管理用于识别显示表的索引。函数 glDeleteLists（）用来删除一组显示表。

E 在绘图窗口上显示字符串

为了在屏幕上显示当前运动参数，要求在绘图窗口中显示字符串变量。OpenGL 中没有直接提供显示文本的函数，但可以通过光栅位置函数 glRasterPos（）和位图显示函数 glBitmap（）来实现。对于单个的字符，可以先定义这个字符的位图阵列，然后用 glBitmap（）来显示。使用这种方法虽然可以在屏幕任意位置显示单个字符，但需要预先定义预显示文本的位图信息，使用很不方便。要想在屏幕上输出字符串变量，必须使用显示列表技术：首先建立待显示字符集的显示列表，然后调用显示列表命令、显示任意字符串。要注意当前的投影矩阵应是正射投影，且要关闭光照方能正确显示指定的颜色，待显示完成后恢复光照。

5.1.2.4 排序方法

在编程过程中需要用到对数组里的值进行从小到大排序，C#中排序的算法[106]有多种。

A 冒泡程序

public void Sort（ref Array arrls）//对数组 arrls 进行排序，并返回结果，ref 是传参引用关键词

```
    {
            int i, j;
            float temp；
            bool done = false；//控制是否结束变量，当 done=true 时，退出循环
            j = 1；
            while（（j < arrls. Length）&&（！done））
              {
                  done = true；
```

```
    for (i = 0; i < arrls. Length − j; i++)
      {
        if ( (float) arrls. GetValue (i) > (float) arrls. GetValue (i + 1) )
         {
            done = false;
            temp = (float) arrls. GetValue (i);
            arrls. SetValue ( (float) arrls. GetValue (i + 1), i);
            arrls. SetValue (temp, i + 1);
         }
      }
    j++;
  }
}
```

B　选择程序

```
public void Sort (ref Array arrls)
   {
        int min = 0;
        for (int i = 0; i < arrls. Length − 1; i++)
         {
            min = i;
            for (int j = i + 1; j < arrls. Length; j++)
             {
                if ( (float) arrls. GetValue (j) < (float) arrls. GetValue (min) )
                    min = j;
             }
            float temp = (float) arrls. GetValue (min);
            arrls. SetValue ( (float) arrls. GetValue (i), min);
            arrls. SetValue (temp, i);
         }
   }
```

C　插入算法

```
public void Sort (ref Array arrls)
   {
        for (int i = 1; i < arrls. Length; i++)
         {
            float t = (float) arrls. GetValue (i);
            int j = i;
```

```
            while ( (j > 0) && ( (float) arrls. GetValue (j - 1) > t) )
            {
                arrls. SetValue ( (float) arrls. GetValue (j-1), j);
                --j;
            }
            arrls. SetValue (t, j);
        }
    }
```

D　希尔排序

```
public void Sort (ref Array arrls)
    {
        int inc;
        for (inc = 1; inc <= arrls. Length / 9; inc = 3 * inc + 1) ;
        for ( ; inc > 0; inc /= 3)
        {
            for (int i = inc + 1; i <= arrls. Length; i += inc)
            {
                float t = (float) arrls. GetValue (i-1);
                int j = i;
                while ( (j > inc) && ( (float) arrls. GetValue (j-inc - 1) > t) )
                {
                    arrls. SetValue ( (float) arrls. GetValue (j - inc-1), j-1);
                    j -= inc;
                }
                arrls. SetValue (t, j-1);
            }
        }
    }
```

5.1.2.5　动态数组技术

所谓的动态数组就是事先不知其维度，而是在程序中根据需要来暂时确定其维度的数组，包括一维、二维和三维以致多维数组。在程序中多处用到了二维和三维动态数组，其作用很大，功能也很强大，数组对象的声明和实现如下：

Array arr;

Arr = Array. CreateInstance (type elementType, int length1, int length2, int length3);

首先是声明一数组，这里是 arr；然后用数组的 CreateInsertance 方法来初始化 arr 的新实类；elementType 要创建的 Array 的 Type，length1 要创建的 Array 的第一维的大小，length2 要创建的 Array 的第二维的大小，length3 要创建的 Array 的第三维的大小。

动态数组技术在程序编制时经常用到。

5.1.2.6　程序暂停方法

在程序编制的过程中，我们有的时候需要主线程暂停几秒。常用的方法就是用 for 等循环语句来写，这样实在是太浪费 CPU 了。解决办法是：

System. Threading. Thread. Sleep（x）；

x 是毫秒数。

Sleep 这个函数的作用是阻塞当前线程一定时间。所以这个函数也能用在子线程的过程中。

5.1.2.7　数据的存取技术

对数据库操作实际上就是数据库编程，关于数据库编程，微软提供了一个统一的数据对象访问模型，在 Visual Studio 6.0 中称为 ADO，在 . NET 中则统一为 ADO. NET，我使用的是 ADO. NET 技术。

C#对数据库的操作是非常简单的，我们用到的数据库操作有下面两种：

读数据，这包括诸如整数、字符串和日期等不同的数据类型；

写数据，就像读数据一样我们会写这些通常的数据类型。

这些操作是对 SQL Server 2000 数据库进行的，通过 SQL 语句来实现的。

为了使用 ADO 类，我们需要包括进 ADO. NET 命名空间（namespace）和一些精巧的日期类，在你要进行数据库操作的类加入下列几行代码，它应该被放置在命名空间引入代码行的下面而在类定义的上面。

using System. Data；　　// 申明变量
using System. Data. ADO；　　// 数据库
using System. Globalization；　　// 日期

添加引用后，就需要正确的从数据库中读取数据和往数据库中添加记录，具体的解决方法是：

创建并打开一个 OleDbConnection 对象；

创建一个插入一条记录或选择记录的 SQL 语句；

创建一个 OleDbCommand 对象；

通过此 OleDbCommand 对象完成对插入一条记录到数据库的操作和从数据库中选择记录的操作。

5.1.2.8 进程控制方法

程序研发时我们经常需要确保编制的程序只有一个进程（实例）在运行，这需要应用 System. Diagnostics 名字空间中的 Process 类来实现，思路：我们在运行程序前，查找进程中是否有同名的进程，同时运行位置也相同如是没有则运行该程序；如果有，就将同名的同位置的程序窗口置前。主要代码：

```
public static Process RunningInstance ( )
    {
        Process current = Process. GetCurrentProcess ( );
        Process [ ] processes = Process. GetProcessesByName ( current. ProcessName);
        //查找相同名称的进程
        foreach ( Process process in processes)
        {
           //忽略当前进程
           if ( process. Id ！ = current. Id)
            {
                //确认相同进程的程序运行位置是否一样
                if ( Assembly. GetExecutingAssembly ( ) . Location. Replace ( ″/″, ″\ \ ″)
= = current. MainModule. FileName)
                {
                //Return the other process instance.
                return process;
                }
            }
        }
        //No other instance was found, return null.
        return null;
    }
```

5.1.2.9 数据处理技术

这里所谈的数据处理技术是指把计算机仿真结果的数据进行统计、筛选，并把统计、筛选后的结果用图、表的形式表现出来，这里用的表是 ListView 控件；所用的图是 MSChart 控件。如何把最后的结果用图表表现出来就是用下面所讲的方法。

用 ListView 控件显示数据记录的具体思路是：

要建立数据连接，打开数据集（前面讲到的数据存取技术）；

对列表进行初始化，并使得列表的显示条件符合数据记录的条件；

对数据集中的数据记录进行遍历，在遍历中添加记录到列表中，或者对符合约束条件的记录进行遍历，在遍历中添加记录到列表中；

关闭数据集，关闭数据连接。

对于用 MSChart 显示数据，我们用到了 MSChart 中的 Column、ColumeCount、ColumnLabel、Row、RowCount、RowLabel、Data 的属性，通过对这几个属性的设置就可以使 MSChart 正确显示数据，下面分别介绍每个属性。

Column 属性是返回或设置数据网格中的当前数据列；

ColumnCount 属性是返回或设置与图表关联的当前数据网格中的列数；

ColumnLabel 属性是返回或设置与图表的数据网格中的列关联的标签文本；

Row 属性是返回或设置与图表关联的数据网格的当前列中的特定行；

RowCount 属性是返回或设置与图表关联的数据网格的每个列中的行数；

RowLabel 属性是返回或设置可用于标识图表中当前数据点的数据标签；

Data 属性是返回或设置一个被插入图表的数据网格中的当前数据点内的值。

注意，必须先选择一个列（返回 Column 的值），然后才能使用其他属性更改该列的相应图表系列或系列内的任何数据点。

在变换 MSChart 的显示样式时，用到了 MSChart 的 CharType 属性，只要更改 CharType 的值就可以让 MSChart 以不同的方式显示，下面两句代码分别表示二维柱状图和二维折线图。

```
axMSChart1. ChartType = MSChart20Lib. VtChChartType. VtChChartType2dBar;
axMSChart1. ChartType = MSChart20Lib. VtChChartType. VtChChartType2dLine;
```

5.1.2.10　多线程中 Lock 方法

每个线程都有自己的资源，但是代码区是共享的，即每个线程都可以执行相同的函数。这可能带来的问题就是几个线程同时执行一个函数，导致数据的混乱，产生不可预料的结果，因此我们必须避免这种情况的发生。

C#提供了一个关键字 lock，它可以把一段代码定义为互斥段（critical section），互斥段在一个时刻内只允许一个线程进入执行，而其他线程必须等待。在 C#中，关键字 lock 定义如下：

```
lock （expression）
    statement_ block
```

expression 代表你希望跟踪的对象，通常是对象引用。

如果你想保护一个类的实例，一般地，你可以使用 this；如果你想保护一个静态变量（如互斥代码段在一个静态方法内部），一般使用类名就可以了。

而 statement_ block 就是互斥段的代码，这段代码在一个时刻内只可能被一个线程执行。

5.1.2.11 坐标转换

在程序设计中，要用到坐标转换，因为实际中的坐标系统为用户坐标系统，一般均为笛卡尔坐标系[107]，而笛卡尔坐标系的使用范围不同于屏幕坐标系统，这样在计算机中使用实际数据时需要坐标转换。其变换公式是：

$$xscal = (xdmax-xdmin) / (xumax-xumin);$$
$$yscal = (ydmax-ydmin) / (yumax-yumin);$$

工程图纸中的任意点（x，y）在屏幕上的坐标为：

$$xd = (x-xumin) * xscal;$$
$$yd = ydmax - (y-yumin) * yscal;$$

其中，xdmax、xdmin 为显示器横向的最大、最小像素点；ydmax、ydmin 为显示器纵向的最大、最小像素点；xumax、xumin 为用户坐标横向的最大、最小值；yumax、yumin 为用户坐标纵向的最大、最小值；（x，y）为工程坐标点；（xd，yd）为屏幕像素点。

通过坐标变换，可以使屏幕上固定区域显示实际上任意大小的矿体，使程序一般化，这坐标转换公式在程序中普遍用到。

5.1.2.12 点在多边形内外判断方法

在程序设计中经常用到判断点是否在多边形内的问题，下面给出在 C#中通用的判断点在多边形内外的算法。

判断点在多边形内外的算法有以下几种：

（1）面积法。就是看所有边和目标点组成的三角形面积和是否等于总的多边形面积，如果相等，则在内部。反之在外部。这种方法计算量较大，用到的主要计算是叉乘。

（2）夹角和法。判断一个点是否在多边形里面只要判断该点与所有的相邻两个顶点组成的三角形的以该点为顶点的角的和是否等于 360°，不等于 360°的就不是在多边形里面的。计算量比上面这种方法稍微小点，用到主要是点乘和求模计算。

（3）引射线法。就是从该点出发引一条射线，看这条射线和所有边的交点数目。如果有奇数个交点，则说明在内部，如果有偶数个交点，则说明在外部。这是所有方法中计算量最小的方法。

在 C#中，有一个 Region 类，可以直接调用 IsVisible 判断是否在这个区域内部，关键代码如下：

```
GraphicsPath myGraphicsPath = new GraphicsPath ();
    Region myRegion = new Region ();
    Point [] ps;      //多边型多个点
    Point p; //判断此点是否在 ps 内
        myGraphicsPath. Reset ();
        myGraphicsPath. AddPolygon (ps);
        myRegion. MakeEmpty ();
        myRegion. Union (myGraphicsPath);
            if (myRegion. IsVisible (p))
                …
            else
                …
```

5.2　基于九块模型的三维放矿仿真系统研发

本书的三维放矿计算机仿真系统 SubLevel Simulation （以下简称 SLS 系统）是基于九块模型，利用计算机编程技术和图形学相关内容研发的，具有高度可视化、功能全面、界面友好和易于操作等特点。

5.2.1　SLS 系统的结构

系统结构设计[108]主要是对系统全局结构的高层进行决策，将系统划分为子模块，并确定系统结构。崩落法放矿计算机仿真系统（SLS）的结构如图 5-2 所示。

数据存取模块。该模块是利用数据库技术对数据进行操作，包括数据的插入（Insert）和数据的选取（Select），并且在该模块中使用了 C#操作 SQL Server 的方法。

仿真核心模块。该模块是模拟系统的主要执行者，它包括了数据的输入、按照初始条件绘出矿岩堆体、按照给定参数利用模拟系统数学模型进行模拟、统计模拟结果等，这其中包括调整概率分布。

数据处理模块。该模块有两大功能：一是能够根据数据库中崩落矿岩的空间点坐标 (x, y, z)，在屏幕上再现放出体形状——放出矿岩原来在采场中占据的位置；二是能够把模拟数据统计、筛选，用图表的形式表现出来，加快方案选优、直观放映各方案的不同指标，这里使用了 ListView （列表框）和 MSChart （以图形方式显示数据的图表）控件技术。

帮助模块。该模块功能是帮助用户能更快地了解本软件和放矿理论。

图 5-3 是仿真软件的结构，是仿真系统结构的具体化。从图 5-3 可以看出，模拟软件共有 6 个主菜单，18 个子菜单。

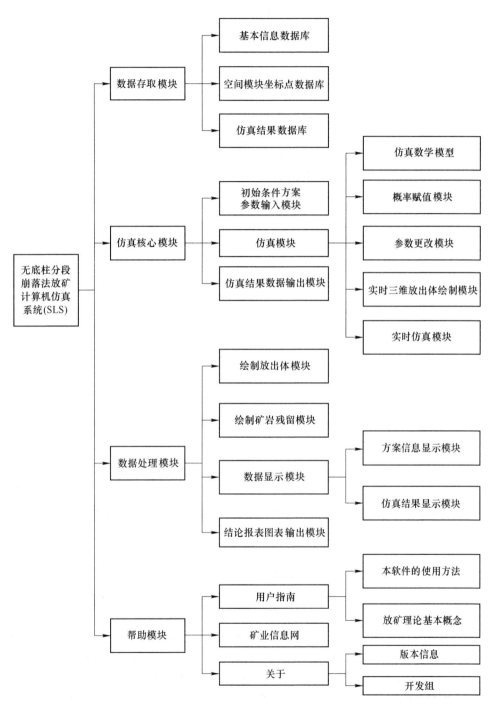

图 5-2 模拟系统结构详细框图

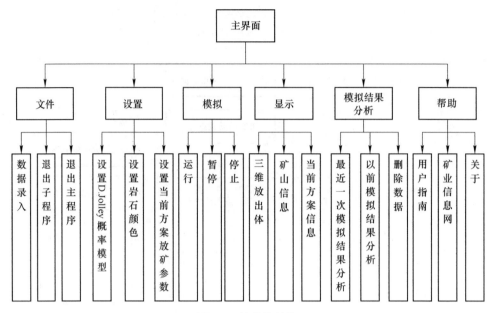

图 5-3   软件的结构

5.2.2 SLS 系统的功能

SLS 系统功能节点树图如图 5-4 所示。

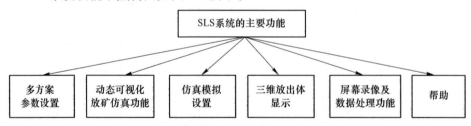

图 5-4   SLS 系统功能节点树图

SLS 系统功能主要有：

利用了计算机的可视化编程技术，使崩落矿岩移动的实际情况在电脑屏幕上显示出来，在屏幕上可以看到放出漏斗的移动变化情况、矿岩移动混杂情况、矿石残留情况和放出矿石量等。

D. Jolley 概率模型最关键的问题在于移动模块概率分布（概率赋值），概率分布设置恰当与否直接影响整个模拟系统的逼真度和可信度，SLS 系统有专门设置概率赋值的功能，可以对每个方案单独进行不同的概率赋值，也可以一次性将概率统一赋值，并且该概率功能在模拟进行时也可以使用，以满足需求。

对于模拟后的数据（结果）要保存在数据库里，若以列表的形式显示给用户看，虽然很系统，但是很麻烦的，特别是同时对多个方案进行模拟，显示的数据量是很大的，SLS 系统在数据处理上有自己的特点，把多方案模拟的数据从数据库中选出，用列表和图表两种形式显示出来，这样就同时具有了列表的详细和图表的直观，能够使用户非常方便、准确地选出最优方案，达到模拟的目的。SLS 系统可以将模拟的结果（数据或图形）按照用户需求进行保存成 word 文档，方便用户的使用。

SLS 系统具有三维放出体显示功能，在放矿过程中可以很方便地观察放出体形状和各个放出体之间的关系，并且可以对三维放出体进行各种操作，包括旋转、平移、放大和缩小等，可为采矿工作者提供决策依据。

SLS 系统具有屏幕录像功能，在放矿过程中，可以启用此功能来将需要保存的东西"录"下来，该功能可以根据不同机器配置来设置录像的帧数，可以满足不同需求。

5.2.3 SLS 系统程序流程图

SLS 系统的主程序流程图如图 5-5 所示。

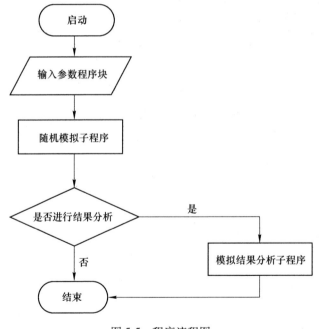

图 5-5　程序流程图

参数设置主要有：

（1）矿体自然条件：矿块长度、矿块高度、矿块厚度（进路个数、分段个数、步距个数）、上盘倾角、下盘倾角、地质品位、混入岩石品位、矿石体重、岩石体重和方案数。

（2）各个方案参数：分段高度、进路间距、进路布置形式、步距、模块尺寸、进路规格、进路布置方式、下部围岩厚度、当次放出量、停止放矿条件、放矿左右边界角和概率赋值设置等。随机模拟子程序流程图如图 5-6 所示。

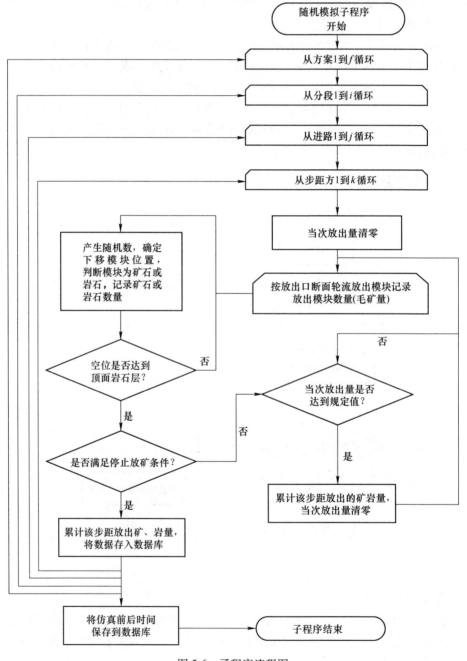

图 5-6　子程序流程图

5.2.4 SLS 系统的功能界面

SLS 系统运行主界面见图 5-7，参数录入界面见图 5-8 和图 5-9。

图 5-7 主窗口

图 5-8 矿体自然情况的数据录入窗口

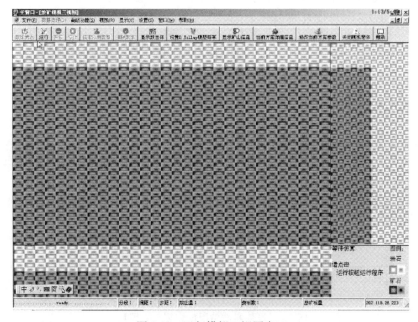

图 5-9　方案参数数据录入窗口

模型初始化后的界面如图 5-10 所示。

图 5-10　运行模拟三视图窗口

运行界面见图 5-11，形成的三维放出体界面见图 5-12。

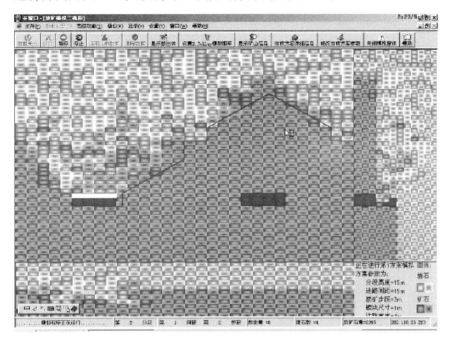

图 5-11 正在进行模拟的运行窗体

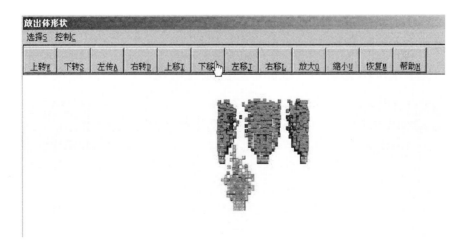

图 5-12 三维放出体

第 2 章研究的移动概率分布系数 m，在 SLS 系统中用图 5-13 设置。

SLS 系统应用很广，它可用于分析研究解决任何边界条件下与放矿损失贫化有关的各种问题，包括用于研究结构参数与矿石回收指标关系、放矿方式选择、

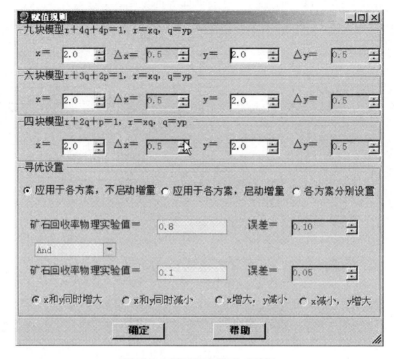

图 5-13　调整概率模型对话框

步距与岩石混入率关系、矿石隔离层下放矿和开掘岩石高度等关于放矿的各种问题[109～111]。

5.3　基于空位填充法的二维放矿仿真系统研发

基于空位填充法，利用计算机技术开发了二维放矿仿真系统（VFM Ore-drawing Simulation System，VFMS），该系统包含两种不同的流动算法，可以根据不同的结构参数和不同散体粒径建模，并根据给定的停止放矿指标进行放矿，放矿过程中可以看到不同粒径矿岩的混杂过程，最终给出放矿回收指标，包括矿石回收率和岩石混入率等，是一种新的放矿计算机仿真手段。

软件编制的一些关键技术和方法可参考第 4 章相关内容，这里主要介绍程序编制的流程和功能。

5.3.1　VFMS 系统程序流程图

仿真系统的核心是散体的流动，图 5-14 是模型初始随机生成流程图，图 5-15 是第一种算法程序核心流程图。图 5-16～图 5-18 是第二种算法程序核心流程图。

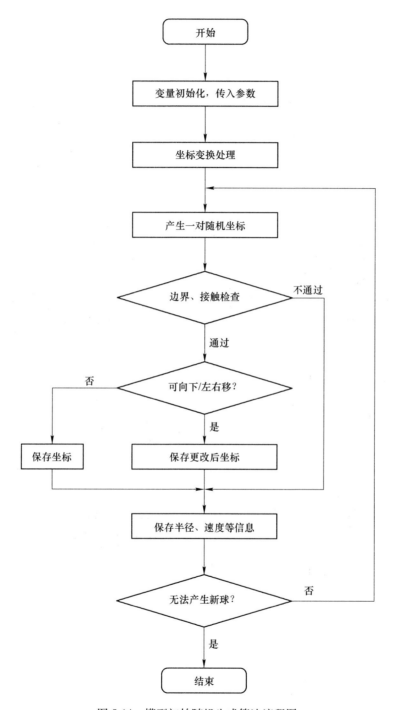

图 5-14 模型初始随机生成算法流程图

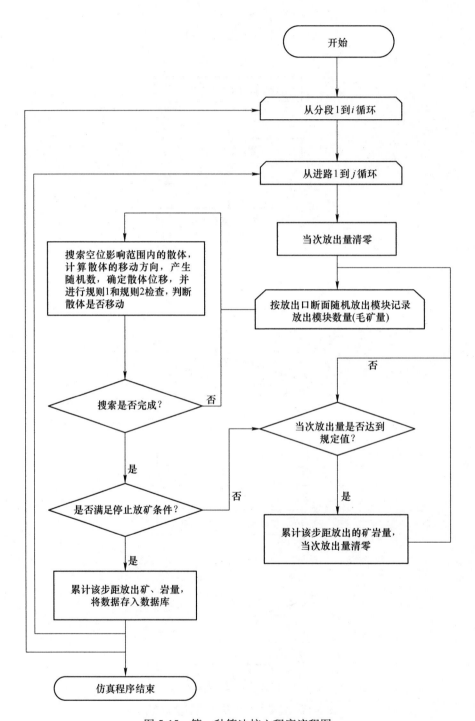

图 5-15　第一种算法核心程序流程图

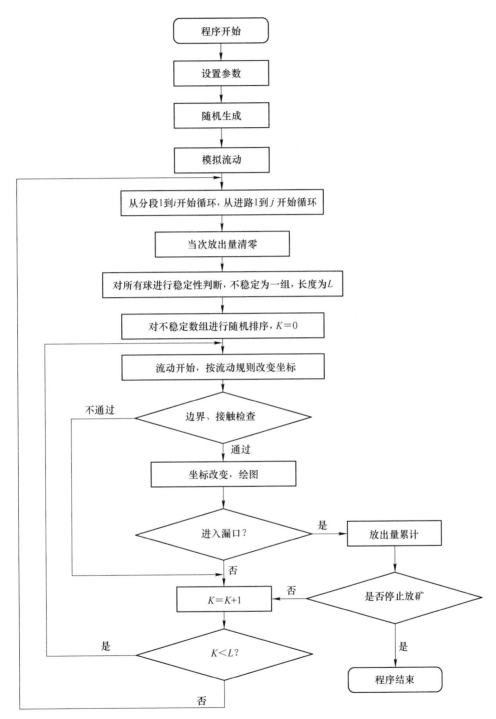

图 5-16 第二种算法主程序流程图

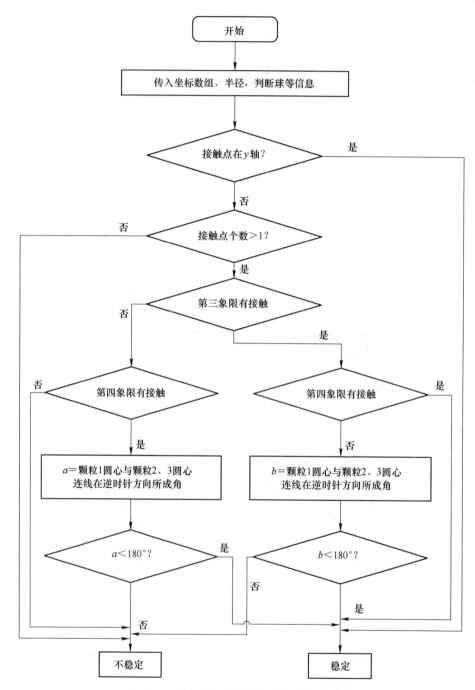

图 5-17　第二种算法颗粒稳定性判断流程图

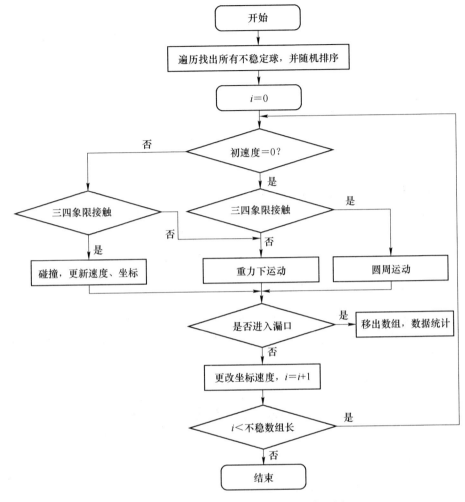

图 5-18 第二种算法颗粒流动方法流程图

5.3.2 VFMS 系统的功能和系统模块划分

VFMS 系统能根据输入的参数，运用空位填充法进行仿真建模，并根据输入的停止放矿指标进行多分段多进路的放矿仿真，放矿结束后给出放矿回收指标，包括矿石回收率和岩石混入率。

根据功能需要，设计系统模块由四部分组成：人机交互模块、建模模块、仿真模块和数据统计模块，见图 5-19。

人机交互模块主要功能是采集建模需要的参数，并将数据返回给建模模块，并将建模后的结果和放矿后的结果显示给用户。

建模模块的主要功能是根据传进来的指定建模参数，结合空位填充法，运用编程技术和方法生成指定粒径的圆，并充满指定区域。

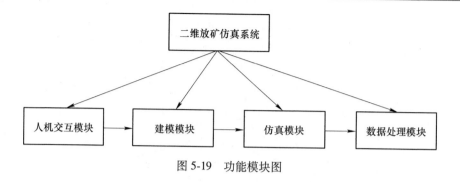

图 5-19　功能模块图

　　仿真模块的主要功能是在散体模型的基础上，按照放矿工艺，结合空位填充法和图形学实时模拟矿岩散体被放出过程以及矿岩混杂过程。

　　数据统计模块的主要功能是在放矿仿真的过程中，记录放矿矿石量和岩石量等相关数据，放矿结束后将这些数据统计，并形成仿真报告。

5.3.3　VFMS 系统的运行界面介绍

　　根据功能模块的划分，设计二维放矿仿真系统包括四个部分，分别是参数输入、程序控制部分、数据统计部分和流动过程实时展示区域，界面效果如图 5-20 所示，其中浅色圆盘代表矿石，上覆深色圆盘代表废石，点线矩形代表放矿进路。

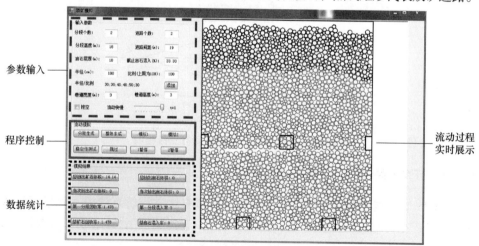

图 5-20　程序界面设计图

5.4　地表沉降仿真系统研发

　　由于地下开采使地表发生下沉[112~114]，形成下沉盆地。研发地表沉降仿真系统对"三下"开采的问题是很有意义的。因为地下采矿的影响传到地表需要一定的时间，从几周到几年不等，沉降的深度和范围也不同，而在充分地掌握了这样的规律后，我们就有可能采取相应的采矿方法或对空区进行相应的处理，在某种程度上控制地表变形的速度和大小，使地表的变形保持在建筑物允许范围以内，或者给出某种表示危险程度的指标，这对解决建筑物下开采的问题是很重要的。

本章基于第 4 章建立的散体流动时空演化仿真模型，结合图形学知识，利用计算机技术和方法研制地表沉降仿真系统（Ground Subsidence computer Simulation system，GSS）。该系统可以实现不同地质模型的建立，可以制作不同形状、大小和倾角（产状）的采空区，可通过修改相应参数模拟不同角度的采空区引起顶板及地表的沉降，可以设置跟踪对象来查看此对象在地表沉降的过程中的路线，可以给出仿真的最终结果，包括地表沉降最终曲线、下降最大位移、水平最大范围和最终所用时间等。

本章用到的编程方面关键技术与方法参考第 4 章相关内容，这里不再赘述。

5.4.1 GSS 系统的功能模块

地表沉降仿真系统的功能模块见图 5-21。

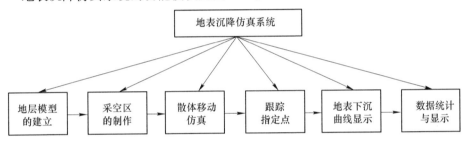

图 5-21　地表沉降仿真系统功能模块图

地层模型的建立模块：该功能模块可以根据不同的参数形成不同的地层，这些参数包括反映岩石性质的 α、概率赋值模式以及散体的尺寸等。不同的地层用不同的颜色区分，容易分辨。

采空区的制作模块：该功能模块可以通过屏幕点选或精确输入两种方式制作采空区，制作采空区的大小、范围和角度可以随意设置，没有任何限制。

散体移动仿真模块：该模块根据采空区的位置，对其上岩块逐个进行下沉移动模拟，直到采空区被充实后停止移动，完成地表沉降的模拟。

跟踪指定点模块：该模块功能是将用户关心的散体岩块位置记录下来，在地表沉降仿真的过程中，记录该岩块的移动时间和移动距离，并最终将该岩块的下降深度和时间关系曲线以及下降影响系数与时间关系曲线画出来供用户参考。

地表下沉曲线显示模块：该模块的功能是显示最终地表沉降的形态，并可以用鼠标取各点沉降距离等。

数据统计与显示模块：该模块的功能是记录顶板及地表之间的岩块移动的相关数据，最终将统计的数据显示到界面上，这些数据包括地表沉降水平最大范围、地表沉降垂直最大深度和地表沉降所用的总时间等。

5.4.2　GSS 系统程序流程图

地表沉降仿真系统的核心程序流程图见图 5-22。

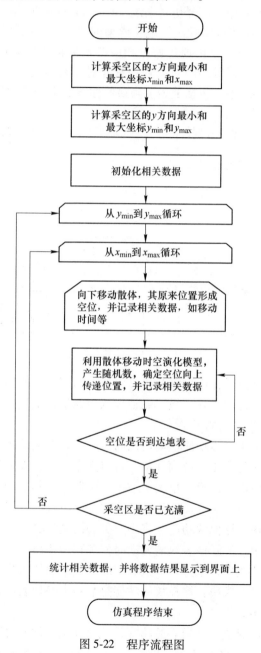

图 5-22　程序流程图

5.4.3 GSS 系统运行界面介绍

系统的主界面如图 5-23 所示。

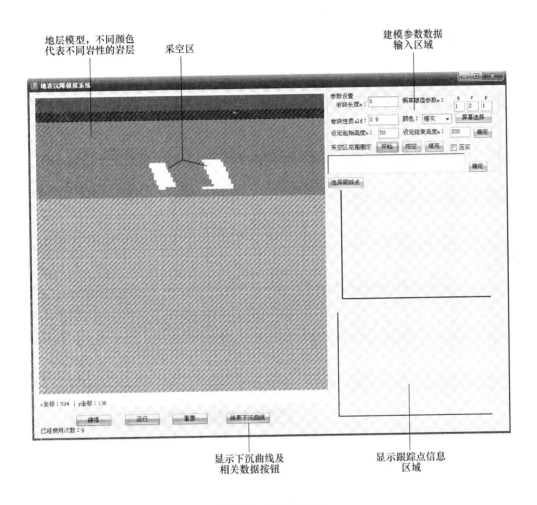

图 5-23　系统主界面

程序运行后界面如图 5-24 所示，图中右下区域显示了跟踪点的相关信息，可以看出该点在 1.2 个月以后某个时间开始下沉，2 个月左右该点达到最大下沉值，下沉值为 40m 左右。

图 5-25 是系统运行后地表下沉曲线图和相关统计数据。

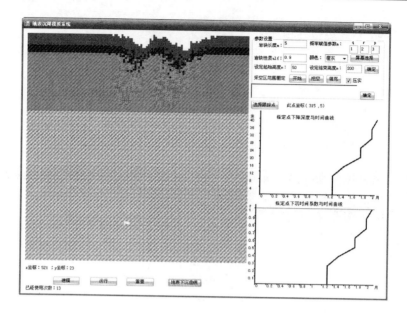

图 5-24　系统运行后界面

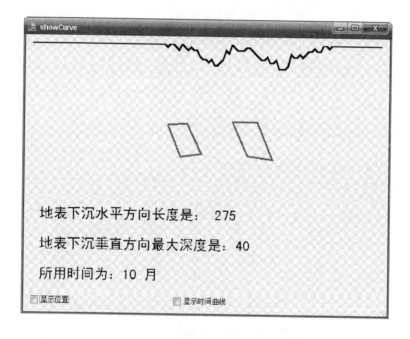

图 5-25　地表下沉曲线及统计数据

第6章 散体流动仿真系统在崩落法放矿优化方面的应用

6.1 无底柱分段崩落法

6.1.1 无底柱分段崩落法结构参数概述

无底柱分段崩落采矿法是一种生产能力大、机械化程度高且生产作业十分安全的采矿方法，在世界各国应用十分广泛[115,116]。我国地下铁矿中使用这种采矿方法的矿山占矿山总数的85%以上，有色金属矿山占40%以上[117]而且还主要是大型有色矿山。因此，积极开展无底柱分段崩落采矿法的理论和技术研究，推动这种采矿方法向更高的科学技术层次进步，对提高我国采矿技术的整体水平具有十分重要的理论和现实意义。

长期以来，制约无底柱分段崩落采矿法发展的主要障碍来自两个方面，首先是我国的无底柱分段崩落采矿法主要采用小结构参数（分段高度12~15m，进路间距8~10m）[118,119]，致使采切比过高采矿成本居高不下且生产能力相对较低；其次是无底柱分段崩落采矿法的贫化损失率较高，致使矿石损失较大且出矿品质降低。

对于第一个问题，目前，国内外普遍认同的确定最优结构参数的准则是"崩落矿石堆体的形态与放出体形态一致"。但是，在如何理解这个准则，确定最优结构参数的具体方式、方法上却有很大的不同。例如，文献［120］将上述准则阐述为，"是使纯矿石放出体相切排列的面积与矿石堆体面积相一致的结构参数"，结构参数优化的实质是放出体空间排列的优化问题。而文献［121］则直接表述为能使端部放矿回收率最高者、贫化率最低者为最优结构参数。分析两者表述最优结构参数的实质不难看出，前者主要是阐述了结构参数的优化方法，而后者则阐明了结构参数优化的目标。其实，不管哪个准则都可以解读为通过结构参数的调整和优化，改善放矿时的矿石回收指标。因此，获得最佳的矿石回收效果，事实上就成为判断结构参数是否最佳的唯一标准。

无底柱分段崩落法结构参数如图 6-1 所示，包括分段高度（H）、进路间距（B）、步距（L）、进路尺寸（$b \times h$）和崩矿边壁角（α）等。一般情况下对矿石回收指标影响较大者为 H、B 和 L，本节所讨论的结构参数就是指这三者 H、B 和 L。

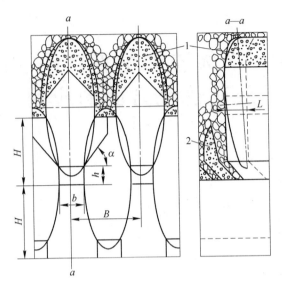

图 6-1　无底柱分段崩落法结构参数与残留矿石堆
1—脊部残留；2—端部残留

矿石回收指标是指与回收矿石有关的诸指标，包括矿石回收率、矿石损失率、矿石贫化率、岩石混入率以及纯矿石回收率等。一般情况下，主要指矿石损失率和矿石贫化率，常简称为损失贫化指标，当混入岩石有品位时还应包含岩石混入率。

结构参数对矿石回收指标影响较大，从放矿理论、模拟实验和生产实践等方面进行了许多研究，对结构参数进行过综合的和单体的分析，得到不少有益于改善矿石回收指标的结论和结果。

结构参数之间存在相互联系和制约，其中任一参数都不能离开另外两个参数而单独存在最佳值，这表明必须综合的确定出合理参数组。

无底柱分段崩落法回采是以步距为基本单元，回采后在两条进路之间有脊部残留（图 6-1 中 1）；进路端部有端部残留（图 6-1 中 2）；当遇到矿体底板时还有底板残留（或损失）。上分段残留的矿石于下分段回收，当结构参数合适和矿岩移动空间条件良好时，上面残留的矿石大部分被回收。未被回收的矿石随着放矿下移，在下移过程中与岩石混杂构成矿岩混杂层，覆盖于矿石堆体之上，除了作为覆岩混入而被回收之外，大部分永久损失于地下。

放出体是放矿理论的重要组成部分，用来解说矿石损失贫化过程的重要理论依据，无底柱分段崩落法放出体为近似椭球体。

由本分段崩落的矿石和上分段残留矿石构成的矿石堆体，使矿石堆体与放出体最大吻合的结构参数为合适的结构参数。此时的矿石损失贫化应是较小的，是现时公认的确定结构参数的理论依据。

该理论见解在实施中还存在困难，困难之一是放出体参数，如偏心率还缺少可用的生产试验数据；困难之二是，脊部残留的高度和形态，还没有完整可用的确定方法。此外，对第二分段以下的矿石损失贫化过程和现象难于做出使人信服的解说，更不能在数值上做出回答。

计算机仿真放矿出现以后，迅速被推广应用。优点是方便快捷，同时能表明矿石移动、回收与残留过程，以及岩石混入过程。根据研究要求，若想知道放出矿石原占有空间位置，未被出矿出矿石残留在何处，混入岩石是从那里来的等等，计算机仿真放矿都可以实现，这是模型实验无法完成的。

6.1.2 大参数多分段并行无贫化放矿的无底柱分段崩落法

6.1.2.1 大参数多分段并行无贫化放矿的无底柱分段崩落法的提出

我国地下金属矿山广泛采用无底柱分段崩落法，特别是铁矿山，用该法采出的铁矿石约占总采出量的85%。目前矿石损失率为20%~25%，贫化率为20%~30%。矿石损失与贫化两者一般是具有联系和制约的关系，必须进行综合分析，须以矿体金属回收率和经济效益为考核指标。降低矿石损失贫化的关键技术是改进采矿方法，目前应用无底柱分段崩落法冶金矿山的发展趋势主要是：

（1）增大与优化结构参数，不仅可减少矿石损失贫化，同时还可增大生产能力和降低采矿成本。在国家"十五"技术攻关中，梅山铁矿进路间距由15m增至20m；小官庄铁矿分段高度由12m增至15m，进路间距由10m增至15m，两矿都取得了良好技术经济效果；

（2）改进放矿方式，实施无（低）贫化放矿。该项工业试验研究，首先在镜铁山矿结合生产进行并取得成功，矿石回收率由81.22%提高到85.18%情况下，平均岩石混入率降低到7.64%，"达到国际领先水平"（技术鉴定语）。现在已有数个矿山，在不能一步到位的实施无贫化放矿时采用低贫化放矿，提高采出矿石品位，逐渐向无贫化放矿过渡；

（3）多分段并行回采。为解决无贫化放矿初始，由于矿石回收率低（约为50%），影响矿石产量，施行多分段并行回采。镜铁山铁矿试验中，采用此种回采方式后，到第三分段已达正常回采，影响产量的时间仅为9个月。上述各项生产技术可综合同时纳入无底柱分段崩落法中，形成"大参数多分段并行无贫化放矿的无底柱分段崩落法"，可以取代目前广泛应用的无底柱分段崩落法。该采矿法实施后，矿石损失可降至15%，矿石贫化可降至10%以下，将使损失贫化大的局面根本改观。

6.1.2.2　大参数多分段并行无贫化放矿的无底柱分段崩落法的基本原理

A　矿石损失与贫化关系

矿石损失与矿石贫化两者是相互联系和制约的，并常有此起彼伏的现象，故必须综合考虑之。例如，矿山最终产品为精矿时，须以矿体金属回收率为基本指标，考核矿山的整体资源回收情况，即：

$$矿体金属回收率 = \frac{精矿中金属量}{矿体金属含量} \times 100\%$$

该指标不仅与采出矿石量（回收率）有关，同时也与采出矿石品位（贫化率）有关。故要求降低矿石损失贫化的同时，还要综合考虑与优化矿石损失贫化之间关系，只有这样才能使矿床整体的金属回收率最大。

影响矿体金属回收率主要因素有两个，一是矿体赋存条件；另一是采矿技术与工艺。

矿体的矿石品位、储量规模及其赋存的空间条件等，对矿石损失贫化影响较大，但这些属自然条件，是不可改变的因素，只有在评价矿山开采状况时才去考虑的因素。

对矿山生产讲，只能按矿体自然条件采用最佳的开采技术与工艺，降低与优化矿石损失贫化，求得最大的矿体金属回收率和最高的经济效益。

B　增大并优化结构参数

增大结构参数具有以下优点：

（1）减少矿石损失贫化产生次数和放矿过程中矿岩接触面积，有利于降低矿石损失贫化。

（2）增大每次爆破崩矿量，充分发挥铲装运设备能力，减少辅助作业（爆破与通风等）时间，可以提高采矿生产能力。

（3）减少采准工程量。

（4）降低采矿成本，由于减少采准工程费用和提高采矿生产能力等可降低采矿成本，例如分段高度由 10m 增加到 15m 时，可使采矿成本降低 20%~25%。

结构参数之间存在相互联系和制约，其中任一参数都不能离开另外两个参数而单独存在最佳值，这表明必须综合的确定出合理参数组。无底柱分段崩落法回采是以步距为基本单元，回采后在两条进路之间有脊部残留，进路端部有端部残留。当遇到矿体底板时还有底板残留（或损失）。上分段残留的矿石于下分段回收，当结构参数合适和矿岩移动空间条件良好时，上面残留的矿石大部分被回收。未被回收的矿石随着放矿下移，在下移过程中与岩石混杂构成矿岩混杂层，覆盖于矿石堆体之上，除了作为覆岩混入而被回收之外，大部分永久损失于地下。

　　由本分段崩落的矿石和上分段残留矿石构成的矿石堆体，使矿石堆体与放出体最大吻合的结构参数为合适的结构参数。此时的矿石损失贫化应是较小的，是现时公认的确定结构参数的理论依据。为便于应用，一般按步距纯矿石放出量最大，即以纯矿石放出体最大确定最佳结构参数。此时纯矿石放出体与顶、端、侧三个矿岩接触面同时相切。一般确定最佳结构参数步骤为：

　　（1）根据凿岩设备和矿体条件确定分段高度（H）。

　　（2）纯矿石放出体高度一般取 $2H$。

　　（3）根据放出体试验绘制偏心率曲线，由偏心率曲线图上找出和纯矿石放出体高度相对应的纵轴与横轴的偏心率值，据此计算纵轴（c）与横轴（b）。

　　（4）放矿步距（L_f）按与最大纯矿石放出体与端部矿岩界面相切条件确定，即 $L_f - b\cos\theta + a\sin\theta$。

　　（5）进路间距（B）是按纯矿石放出体排列确定的，理论值 $B = 2C +$ 进路宽度，考虑生产条件，实际取值比理论值大 $1\sim1.5\mathrm{m}$ 为好。

　　C　计算机随机模拟放矿

　　上述为优化结构参数的理论方法，但还不能完全说明矿石残留体随分段放矿下移与回收情况及其对矿石损失贫化的影响。为此，在结构参数优化过程中，经常伴以放矿实验：一种是物理模拟实验，另一种为计算机随机模拟（仿真）实验。前种实验费时费力，难于完成多种参数的损失贫化预测，故多用后者。

　　计算机仿真放矿，实际上就是在计算机上做放矿实验。随机模拟是目前应用最为成熟的计算机仿真方法，它可以对包括复杂边界条件在内的各种放矿条件及放矿方案进行模拟，不仅能给出各个阶段的放矿结果，而且能展示崩落矿岩移动的全过程，完整地给出崩落矿岩移动规律的三项基本内容——矿石放出体、矿石残留体、崩落矿岩界面移动和混杂过程。

　　现阶段多数放矿仿真软件，都是基于 D. Jolley 的九块递补模型。D. Jolley 九块模拟模型是把散体分成正方形模块，用模块之间从下向上随机递补运动，来模拟崩落矿石的运动过程。模块之间的递补，是通过"空位"向相反方向的随机传递来实现的。具体地说：每从漏口放出一个模块，就在漏口产生一个"空位"，该"空位"由其上面的相邻九块模块按给定的概率随机递补，在递补模块下移之后，其原来的位置又变为"空位"，依此类推，来模拟散体的运动过程。

　　D　多段并行回采

　　无贫化放矿的基本特征是以矿岩界面正常到达出矿口控制放矿，即在出矿口处出现正常到达的覆岩便停止放矿。无贫化放矿实施后，第一分段的矿石回收率锐减；第二分段的矿石回收率虽有提高，但仍达不到原有水平；第三分段回收率又有提高，一直放到第四分段（或第五分段）的回收率达到或略有超出原截止品位放矿水平，进入无贫化放矿的正常阶段。此时，在矿石回收率不降低的情况下，岩石混入率最小，实验室放矿为 5.4%，镜铁山铁矿工业试验为 7.64%。

无贫化放矿开始阶段，由于矿石回收率降低，使矿石产量随之下降。此时若维持精矿产出量，须增加崩矿量，但随分段下移矿石回收率提高，还得减少崩矿量，到正常生产阶段时将增大的崩矿量又得全部减掉。

当分段采用依次顺序回采时，设分段回采时间 t，经过 (2~3)t 时间才可达到正常生产阶段，矿石产量波动时间过长。

为此，提出多分段并行回采方式，可以减弱上述问题的影响程度，以及缩短影响时间。

多分段并行回采，即是第一分段回采到一定距离 L 后，开始回采第二分段；当第二分段回采到一定距离 L 后，开始回采第三分段。直到同时并行回采的分段数达到 4 个，进入无贫化放矿正常生产阶段为止。正常生产前的开采长度为 $3L$，一般为 250m 左右，不足半个分段长度，其生产时间不足 0.5t，这种回采方式可将正常生产前的时间减少到小于半个 t。镜铁山铁矿由生产矿段开始试验，上面分段已存在矿石残留体，同时未有改变结构参数，故放到第三分段，经过 9 个月时间，已达正常生产。

试验研究表明，多分段并行回采的矿石损失贫化与依次顺序回采的没差异。多分段并行回采技术可消除无贫化放矿推广应用的一大障碍，应是无贫化放矿的重要配套技术。

6.1.2.3　技术特点

大参数多分段并行无贫化放矿的无底柱分段崩落法的主要技术特点有：

（1）具有无底柱分段崩落法的全部特点，例如要求地表允许崩落，适应矿体条件范围大，结构与工艺简单，生产安全条件好，生产能力大等。

（2）与普通无底柱分段崩落法比较，其特点有三：大的结构参数、无（低）贫化放矿和多分段并行回采。

（3）上述三项技术最好综合同时采用，会取得最佳的技术经济效果：矿石损失贫化小，生产能力大，采矿成本低等。

（4）由于条件限制，暂时不能全部实施时，也可以将三项技术拆开分别单项使用，或者暂时先按低水平应用，逐渐提高应用水平。例如结构参数受凿岩条件限制时不能增大，可先实行无（低）贫化放矿；在受产量和生产能力限制不能一步到位的实施无贫化放矿时，可先将截止品位逐渐提高而逐渐提高采出矿石品位，施行低贫化放矿。

低贫化放矿新技术在试验矿山应用表明，矿石贫化率下降 10~17 个百分点，损失率下降 2~5 个百分点。由于贫化率较低，每年少放出废石 9 万~18 万吨，增加效益 500 万~1000 万元，而且减少了地面废石堆存的占地与污染；同时由于损失率较少，回采率的提高，可大量有效回收资源。

6.1.2.4 结论

（1）大参数多分段并行无贫化放矿的无底柱分段崩落法，是当前崩落法先进理论和技术以及工艺的综合，国内首创。

（2）大参数多分段并行无贫化放矿的无底柱分段崩落法特点是大的结构参数、无（低）贫化放矿和多分段并行回采，这三项技术最好综合同时采用，会取得最佳的技术经济效果：矿石损失贫化小，生产能力大，采矿成本低等。

（3）无贫化放矿的无底柱分段崩落法，由于矿石损失贫化低，可以取代厚矿体，允许地表崩落的充填法和空场法，取代后，将使生产安全大有改善，经济效益和生产能力都会有较大提高。

6.2 SLS系统在崩落法放矿研究中的应用

6.2.1 SLS系统在崩落法放矿方式研究中的应用

6.2.1.1 无底柱分段崩落法放矿方式概述

无底柱分段崩落法放矿方式[124]可分为三种；一是现在普遍采用的截止品位放矿，二是无贫化放矿，这两种放矿方式是基本形式。第三种是处于两种基本形式之间的低贫化放矿，低贫化放矿是由现行截止品位放矿向无贫化放矿的过渡形式。

A 现行截止品位放矿

无底柱分段崩落法步距放矿时矿石回收情况和放出体及其扩展过程如图6-2所示，放出一定数量纯矿石之后（亦即放出体在矿石堆体内，与矿岩界面相切的放出体体积是该条件下最大的纯矿石回收量）开始有岩石混入，矿石产生贫化，当次贫化率随放出量增大而增大，当次放出矿石品位下降到截止品位时停止放矿，现行放矿方式特点是，用截止品位控制放矿，可称之为截止品位放矿。

现行截止品位是根据步距放矿边际品位收支平衡原则确定的，截止品位计算式为：

$$截止品位 = \frac{1t 采出矿石的采选费用(元)}{选矿金属回收率(\%) \times 每吨精矿售价(元)} \times 100\%$$

故截止品位最低，因此现行截止品位放矿的贫化率最大，构成现行截止品位放矿的一项基本特征。

B 无（不）贫化放矿

改革现行截止品位放矿，解决无底柱分段崩落法放矿贫化大的问题，我们提出过无贫化放矿。无贫化放矿就是当矿岩界面正常到达出矿口水平时，也就是说

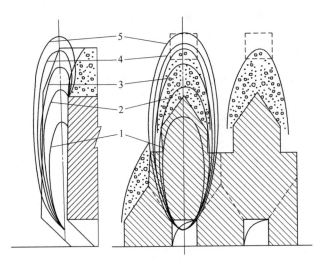

图6-2 无底柱分段崩落法放出体扩展过程

1~5—扩展过程中的放出体

当放矿口一出现正常到达的覆岩时便停止放出，以此保持矿岩界面的完整性，不使矿岩产生混杂。每个步距、每条进路和每个分段都如此放出，当然放出的矿石为无贫化（无岩石混入）的矿石，"无贫化放矿"一词就是这样叫出的。

无贫化放矿提出的主要依据也是无贫化放矿的主要技术思路，有两个方面：一为根据崩落矿岩移动空间连续性特点，存在"上面残留下面回收"和"前一步距残留后一步距回收"的关系。不计一个步距和一个分段的得失，而按总的矿石回收指标判定优劣；二是当矿岩界面正常到出矿口便停止放矿，不使矿岩界面产生较大的破裂，能基本保持矿岩界面的完整性（图6-3（a））。不能像现行截止品位放矿从破裂处放出大量岩石（图6-3（b））。由于无底柱分段崩落法放矿口密集，崩落矿岩移动区内的矿岩界面是完全可控的。

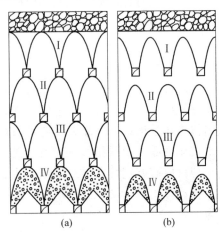

图6-3 矿岩界面下移情况

（a）低贫化放矿；（b）截止品位放矿

C 低贫化放矿

由于各种条件（如准备矿量不足，掘进与凿岩能力有限以及精矿产量不允许暂时降低等）的限制，不能一步到位地施行无贫化放矿。可采用过渡办法，逐渐提高截止品位，逐渐降低贫化率，亦即逐渐趋向无贫化放矿，可称此种放矿方式为低贫化放矿。

低贫化放矿是由现行截止品位放矿向无贫化放矿过渡型的放矿方式，以无贫化放矿为目标，随着向下回采逐渐提高截止品位，不应是稳定不变的截止品位。

三种放矿方式的技术经济比较见表 6-1。

表 6-1　三种放矿方式的技术经济比较

无贫化放矿（A）	低贫化放矿	现行截止品位放矿（B）
（1）截止品位最高	（1）截止品位高于 B 低于 A	（1）截止品位最低
（2）贫化率最低	（2）贫化率低于 B 高于 A	（2）贫化率最高
（3）经济效益最佳	（3）经济效益高于 B 低于 A	（3）经济效益最差
（4）具有唯一性和极限，应有单独称呼	（4）具有群体性，可以有统称	（4）具有唯一性和极限，应有单独称呼

6.2.1.2　梅山铁矿放矿方式及利用 SLS 系统进行多分段放矿实验

在当前梅山铁矿大间距结构参数[125]分段高度 15m 进路间距 20m 条件下，选用的放矿方式为截止品位放矿，截止品位为 30%，在生产实际中这值不是固定不变的，可能有 2%~4% 向下波动的情况，如果提高截止品位可以为矿山获得更大的经济效益。

利用 SLS 系统进行放矿实验，需要设置以下参数：工业矿石品位 $C = 46.39\%$，岩石品位 $C_Y = 5\%$，矿石容重 $R_K = 4.06\mathrm{g/cm^3}$，岩石容重 $R_Y = 2.6\mathrm{g/cm^3}$，分段数 5，进路数 4，步距数 6，分段高度 15，进路间距 20，步距 3，模块尺寸 1m×1m，进路尺寸 4m×3m，边孔角 55°，当次放出量 30 块。用三种放矿截止品位和相当于三种放矿方式，列于表 6-2，由于计算机模拟放矿的特点是以模块为基本单位，所以在计算机模拟放矿时，停止放矿指标为体积岩石混入率 P_V。P_V 的计算式见式（6-3）。

表 6-2　不同截止品位放矿方案

方　案	1	2	3
截止品位/%	40	35	30
体积岩石混入率/%	22	37	51
放矿方式	无贫化放矿	低贫化放矿	现行截止品位放矿

多分段放矿实验的矿石回收指标见表 6-3，根据实验获得如图 6-4、图 6-5 和图 6-6 的矿石贫化过程和规律。

表 6-3   不同放矿方案矿石回收指标

实验方案	回收指标	分 段					
		1	2	3	4	5	6
方案 1 无贫化放矿	矿石回收率/%	22.36	54.19	72.70	75.89	81.80	84.57
	体积岩石混入率/%	9.10	7.60	7.99	7.93	7.56	7.52
	纯矿石回收率/%	22.36	54.19	72.70	75.89	81.80	84.57
方案 2 低贫化放矿	矿石回收率/%	27.02	67.42	82.00	86.31	91.85	91.69
	体积岩石混入率/%	18.04	15.98	16.16	15.65	16.65	15.38
	纯矿石回收率/%	21.67	49.24	54.73	56.39	57.18	60.14
方案 3 现行截止 品位放矿	矿石回收率/%	29.14	74.90	86.93	92.15	95.61	93.97
	体积岩石混入率/%	22.37	23.34	23.70	23.29	24.47	23.75
	纯矿石回收率/%	21.83	34.30	43.27	38.84	38.43	36.63

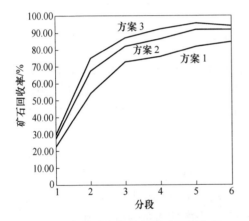

图 6-4   各放矿方案的分段矿石回收率

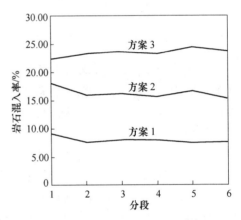

图 6-5   各放矿方案的分段岩石混入率

（1）由模拟结果可知，各种放矿方式的前四分段矿石损失贫化值各异，贫化率相差小，矿石回收率和纯矿石回收率相差大，到第 5 分段放矿时便基本平衡，进入稳定。

（2）在前四分段矿石回采率开始时以方案 3 为高，随着回采分段数增加，各放矿方案在保持贫化率具有较大差异情况下，矿石回采率逐渐接近，这就是无贫化放矿可获得"矿石回采率同现行截止品位放矿基本相同条件下矿

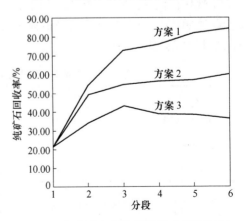

图 6-6   各放矿方案的分段纯矿石回收率

石贫化率大幅度下降"效果的重要依据。

（3）矿石贫化率在放矿变化段中虽有变化，但变化范围较小，在进入放矿的稳定段，贫化率也随之稳定。就整个放矿过程看，贫化率变化不是很大。

（4）纯矿石回收率差异很大，方案 1 明显高于其他方案。可见纯矿石回收率取决于截止品位。

上述各放矿方案（截止品位）间的矿石贫化率差异大，并在整个放矿过程中保持大的差异，可见矿石贫化率取决于截止品位。

6.2.1.3　计算机仿真结论

（1）梅山铁矿贫化率大的问题，是由于采用现行截止品位放矿方式造成的，现行截止品位放矿的贫化率最高，我们可以提高截止品位来降低贫化率大的问题。

（2）梅山铁矿采用低贫化放矿，即方案 2，可以获得与第一方案相同的矿石回收率，但可以使岩石混入率大大降低，纯矿石回收率大大提高。

（3）梅山铁矿可以先采用低贫化放矿方式，逐渐趋近无贫化放矿，所以低贫化放矿的截止品位不应是固定不变，而是随着向下回采逐渐提高的。

（4）对只有一次性回收条件的矿石，无论是无贫化放矿或者是低贫化放矿都只能采用现行截止品位放矿。

（5）矿石贫化率取决于截止品位，截止品位低贫化率就大，反之，截止品位高贫化率就低。

6.2.2　SLS 系统在崩落法放矿结构参数优化研究中的应用

6.2.2.1　结构参数优化综合分析

A　模拟试验设计及矿石回收指标回归方程

按 3 因子一次回归正交实验设计，见表 6-4。

表 6-4　因素水平

因素水平	H	B	L	因素水平	H	B	L
基准水平	12.5	12.5	3.5	基准水平	15	15	4
变化间距	2.5	2.5	0.5	变化间距	10	10	3

有关 SLS 系统实验的其他参量：工业矿石品位 $C = 42\%$，岩石品位 $C_y = 7.5\%$，矿石体重 $\gamma_k = 3.62t/m^3$，岩石体重 $\gamma_y = 2.75t/m^3$，截止放矿品位 $C_{cj} = 20\%$，截止放矿岩石体积混入率 Y_v 和截止放矿岩石混入率 Y 分别为：

$$Y_V = \frac{\gamma_k}{\gamma_k + \left(\frac{1}{Y} - 1\right)\gamma_y} = \frac{3.62}{3.62 + \left(\frac{1}{0.6377} - 1\right) \times 2.75} \approx 70\%$$

$$Y = \frac{C - C_{cj}}{C - C_y} = \frac{42 - 20}{42 - 7.5} = 63.77\%$$

进路宽度 $b=4m$，进路高度 $h=3m$，移动模块尺寸 1m×1m×1m。当次放出量为 $50m^3$，实验分段数 5 个，每个分段进路数 4 条，每条进路步距数 6 个。每种结构参数的矿石回收指标是 5 个分段放矿实验的平均值。结构参数与矿石回收指标的关系见表 6-5，从实验结果看出：矿石回收率最大者（97.7%）为方案 5，但其岩石混入率较大（28.0%）；岩石混入率最低者（20.7%）为方案 2，但其矿石回收率（92.7%）较低；步距与岩石混入率的关系较明显，步距大者（4m）岩石混入率低；分段高度与矿石回收率的关系也较明显，分段高度大的矿石回收率高。进路间距与矿石回收指标关系不明显，10m 的进路间距对比 15m 的进路间距回收指标各有高低。

表 6-5　SLS 系统放矿实验方案和实验结果

方　案	H/m	B/m	L/m	$H_k/\%$	$Y/\%$
1	10	10	3	93.4	24.5
2	10	10	4	92.7	20.7
3	10	15	3	91.2	27.6
4	10	15	4	89.7	22.9
5	15	10	3	97.7	28.0
6	15	10	4	96.2	22.9
7	15	15	3	95.6	30.9
8	15	15	4	94.0	25.4

根据表 6-5 所列实验方案的结构参数和实验结果，用 Matlab 统计分析工具箱分析得出矿石回收率和岩石混入率回归方程分别为

$$H_k = 89.0125 + 0.915H - 0.385B + 0.925L + 0.018HB - 0.09HL - 0.09BL$$

$$Y = 13.6375 + 1.285H + 0.965B - 0.525L + 0.002HB - 0.21HL - 0.13BL$$

B　结构参数与矿石回收指标的关系

（1）当 $H=12.5m$ 时，$H_k=100.45-0.16B-0.2L-0.09BL$，$Y=29.7-0.99B-3.15L-0.13BL$。将上述回归方程绘成 H_k 与 Y 的等值线如图 6-7（a）所示。由图 6-7（a）可以看出，当 $H=12.5m$ 时，Y 随 L 的增大而降低，随 B 增大而增大。H_k 随 L，B 增大而降低。

（2）当取 $B=12.5m$ 时，$H_k=84.2-1.14H-0.2L-0.09BL$，$Y=25.7+1.31H-0.15L-0.21HL$。$H_k$ 与 Y 的等值线如图 6-7（b）所示。由图 6-7（b）可以看出，

当 $B=12.5\mathrm{m}$ 时，H_k 随 H 的增大而增大，随 L 的增大而降低；Y 随 H 的增大而增大，随 L 的增大而降低。

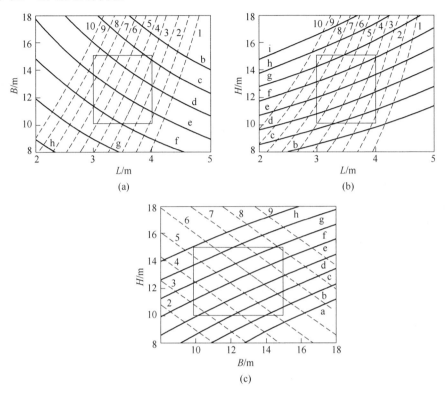

图 6-7　B、H、L 与 H_k、Y 的关系

（3）当取 $L=3.5\mathrm{m}$ 时，$H_k=92.25+0.6H-0.7B+0.018HB$，$Y=11.8+0.55H+0.51B+0.002HB$。$H_k$、$Y$ 等值线如图 6-7（c）所示。由图 6-7（c）可以看出，当 $L=3.5\mathrm{m}$ 时，H_k 随 H 的增大而增大，随 B 的增大而降低；Y 随 H、B 增大而增大。

C　最佳结构参数的确定方法

分析研究结构参数与矿石回收指标关系的目的是确定最佳的结构参数，最佳标准是采出矿石盈利总额最大，盈利总额计算繁杂，常按单位矿石计算盈利额，以大者为优，单位矿石应以报销单位工业储量为准，即

$$Q_c=\frac{H_kQ}{1-Y}$$

式中，Q_c 为采出矿石量；Q 为报销的工业储量。

按报销单位工业储量盈利额最大才符合盈利总额最大要求，按采出单位矿石盈利额最大不一定符合盈利总额最大要求。为了增大采出单位矿石盈利额，用降

低矿石回收率的办法减少岩石混入率，从而增大采出矿石品位，随之增大采出单位矿石的盈利额。这可能导致增大矿石损失和减少盈利总额。

用矿石回收指标判别结构参数方案优劣可分为两类：一类是优劣明显，如矿石损失率与岩石混入率均小者为优；两个指标中有一个相等，以另一个指标小者为优。另一类是优劣难分（如表 6-5 中方案 2 和方案 5），此时必须进行经济计算，算出每个方案的报销单位储量盈利额，以盈利额大者为优。

增大 H 与 B 可以减少采准工程量，增加产量和效率，从而降低采矿成本。这是生产矿山增大 H 与 B 后可获得的益处。然而在参数方案比较中，矿石回收指标根据实验所得，在计算方案盈利额的成本项中已经计入了由于增大参数使采矿成本降低部分，故不应再重复计算这部分的经济效果。

报销单位储量盈利额是判别参数方案优劣的唯一标准，以大者为优。它包括了矿石回收指标、采矿全部成本和矿石售价，若以精矿粉为最终产品，则需计入选矿成本与精矿粉售价等。

有的用"回贫差"判别优劣，以回贫差大者为优，回是矿石回收率，贫是贫化率或岩石混入率，回贫差就是前者与后者的差值。以表 6-5 中方案 2 和方案 5 为例，方案 2 的回贫差为 72，方案 5 的回贫差为 69.7，方案 2 为优。两方案的回收率差为 5%，贫化率差为 7.3%，很难说出 7.3% 的岩石混入率优于 5% 的矿石回收率的理由。因为 1% 的矿石回收率与 1% 的岩石混入率价值不等，同时 1% 的岩石混入率的绝对数是变化的，如 20% 岩石混入率的 1% 的岩石量与 30% 岩石混入率的 1% 的岩石量相差很大。因此用回贫差判别参数优劣不准确，也不科学。

D　结论

（1）当分段高度为 12.5m 时，岩石混入率随步距的增大而降低，随进路间距的增大而增大；矿石回收率随步距、进路间距的增大而降低。

（2）当进路间距为 12.5m 时，矿石回收率随分段高度的增大而增大，随步距的增大而降低；岩石混入率随分段高度的增大而增大，随步距的增大而降低。

（3）当步距为 3.5m 时，矿石回收率随分段高度的增大而增大，随进路间距的增大而降低；岩石混入率随分段高度、进路间距的增大而增大。

（4）分析研究结构参数与矿石回收指标关系的目的是确定最佳结构参数，最佳标准是采出矿石盈利总额最大，本文提出报销单位储量盈利额是判别参数方案优劣的唯一标准。

6.2.2.2　大间距崩落法放矿研究

大间距采矿理论[122,123]是国家"十五"攻关项目"大间距集中化无底柱采矿新工艺研究"的理论基础和核心。它指出了传统无底柱分段崩落法放矿理论的不足，提出了新的放矿理论，并由此推导出大间距无底柱分段崩落法数学模型，从而奠定了大间距无底柱分段崩落法的基础，这种新采矿方法将使我国无底柱分段崩落法在结构参数、装备、工艺技术上发生重大变革，并将带来巨大的经济效益。

A　间距空间排列理论概述

众所周知，无底柱分段崩落法的放矿是在覆岩下进行的，当崩落矿石的爆破堆积体形态与放出体形态吻合程度高时，就会得到较好的技术经济指标，这两者的吻合程度问题，其实质就是采矿结构参数的优化问题，也是放矿学研究的核心问题。

大间距理论跳出了单个放出体的框架，研究了各放出体之间空间排列问题，而所用的基本原则没有变。还是采用崩落矿石的爆破堆积体形态应尽可能地与放出体体形相吻合，这一基本准则在具体操作上不太好掌握，如把它等价地转换成"纯矿石放出体互相相切的结构参数为最优"的原则，就很直观，而且可操作性也好，只要分析简单的几何关系之后，即可得出较为简明的计算公式。

我们的研究指出结构参数优化的实质就是放出体空间排列的优化问题，密实度最大者为优。根据这一基本点出发，有两种最优排列，一种为高分段结构，一种为大间距结构，如图 6-8 所示。

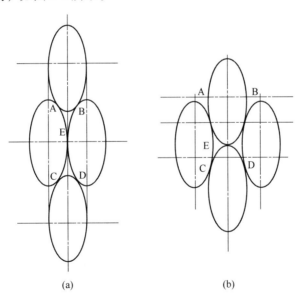

(a)　　　　　　　　　　(b)

图 6-8　高分段排列和大间距排列

(a) 高分段排列；(b) 大间距排列

为了便于计算，把纯矿石放出椭球体变换为直径为 1 的单位球体，把原 xyz 坐标系列改变为 u、v、w 系列，则有 $x = au$，$y = bv$，$z = cw$ 这样原 xyz 坐标系列的

椭球体方程 $\dfrac{x^2}{a^2} + \dfrac{y^2}{b^2} + \dfrac{z^2}{c^2} = 1$ 就变换成球体方程 $u^2 + v^2 + w^2 = 1$，其雅可比系数 K 可由下式求得：

$$k = \frac{\partial(x,y,z)}{\partial(u,v,w)} = \begin{vmatrix} \dfrac{\partial x}{\partial u} & \dfrac{\partial x}{\partial v} & \dfrac{\partial x}{\partial w} \\ \dfrac{\partial y}{\partial u} & \dfrac{\partial y}{\partial v} & \dfrac{\partial y}{\partial w} \\ \dfrac{\partial z}{\partial u} & \dfrac{\partial z}{\partial v} & \dfrac{\partial z}{\partial w} \end{vmatrix} = abc$$

当坐标需要重新换算回 x、y、z 系统时，x、y、z 方向上的修正系数在数值上分别等于椭球体的半轴 a、b、c。

当 x、y、z 坐标系换算成 u、v、w 坐标系后，图 6-7、图 6-8 就转换为图 6-9、图 6-10，就可建立数学模型了。

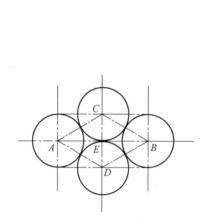

图 6-9　大间距结构形式

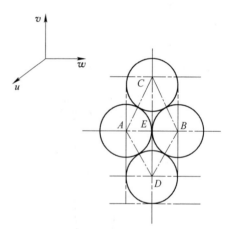

图 6-10　高分段结构形式

在图 6-9 中上下两个球体直接相切，左右两个球体被它们隔开，并与之相切。

此时分段高为 CE，且考虑到 V 方向上的变换系数 a，则分段高之值相当于 a。而进路间距为 AB，且考虑到 W 方向上的变换系数 b，则进路间距为 $2\sqrt{3}\,b$，所以这种排列的分段高与进路间距之比值为

$$\frac{H}{L} = \frac{\sqrt{3}}{6} \cdot \frac{a}{b} \tag{6-1}$$

在图 6-9 中所见的进路间距明显大于分段高度，这种结构形式就是大间距结构，上述的推导即为大间距结构的理论依据。

在图 6-10 中，虽然 4 个球体也是 5 点相切，其密实度与图 6-9 是一致的，但

由于排列方向的变化，使其分段高大于进路间距，形成高分段的结构。

这种排列的分段高与进路间距之比值为：

$$\frac{H}{L} = \frac{\sqrt{3}}{2} \cdot \frac{a}{b} \tag{6-2}$$

高分段结构在理论上虽然也符合爆破堆积体与放出体相吻合的原则，但是在实际操作上却有很大的困难。

下面利用 SLS 系统做放矿仿真实验，其结果和物理实验作比较，验证大间距理论的正确性，也证明用 SLS 系统做计算机放矿实验是可行的。

B 大间距结构参数实验室物理实验

a 实验的目的及方案

梅山铁矿进行无底柱分段崩落法大间距结构参数研究，其分段高度（H）15m，进路间距（B）从 15m 增大到 20m。本实验结合梅山铁矿的具体条件，在分段高度为 15m 一定的情况下，对进路间距（B）15～25m，放矿步距（L）4～6m 时的矿石损失与贫化指标进行考核，分析其矿岩混入过程及矿岩流动规律，为采场结构参数优化，特别是大间距结构参数优化提供理论依据。本次实验方案见表 6-6。

表 6-6 实验室物理实验方案

$H \times B$/m×m	L/m		
	L_1	L_2	L_3
15×15	4	5	6
15×17.5	4	5	6
15×20	4	5	6
15×25	4	5	6

b 物理模拟实验及有关参数确定

模型结构参数确定 实验室放矿采用木制平面模型，模拟比例为 1：100。模型尺寸是：高×厚 = 90cm×16.5cm，宽度随着进路间距的改变而改变；放矿进路用有机玻璃制作，进路宽 4cm，高 3cm，采用单步距放矿。共有 5 个分段，一、三、五分段有 5 条出矿进路，二、四分段有 4 条出矿进路，进路呈菱形交错布置，见图 6-11。

截止放矿岩石混入率的确定 实验室截止放矿岩石混入率是由生产现场截止品位换算而来。实验室岩石体积混入率与现场岩石体积混入率相等。现场地质品位 C = 46.39%，岩石品位 C_y = 5%。矿石体重 R_k = 4.06g/cm³，现场截止出矿品位 C_j = 30%。实验室矿石采用磁铁矿，体重 2.33g/cm³，岩石采用白云石，体重 1.58g/cm³。换算后，实验室放矿时，取截止放矿岩石混入率 48%。

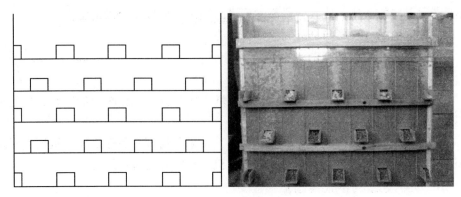

图 6-11　放矿模型示意图

c　放矿模拟

放出的混合矿岩称出重量，再用磁选盒人工选出其中的白云石进行称量，从而得出放出矿岩量、岩石量、纯矿石量，即放矿过程为：放矿—筛选—称重—记录。放矿过程是：

(1) 耙矿，每次约耙出 1200g 左右，直至截止出矿岩石混入率 48%。

(2) 耙矿顺序为自上而下，按进路依次耙矿。

1) 模拟结果。

经整理计算得出放矿结果，如表 6-7~ 表 6-18。

表 6-7　进路间距 (B) 15m 放矿步距 (L) 6m 放矿结果

分段号	应放出矿量 /g	放出矿石量 /g	放出岩石量 /g	放出矿岩总量 /g	岩石混入率 /%	矿石回收率 /%
2	12582.00	8236.18	793.79	9029.96	8.79	65.46
3	12582.00	11666.03	1859.80	13525.83	13.75	92.72
4	12582.00	12154.21	1888.78	14042.99	13.45	96.60
5	12582.00	12745.57	2057.65	14803.21	13.90	101.30
合计	50328.00	44801.99	6600.02	51402.00	12.84	89.02

表 6-8　进路间距 (B) 15m 放矿步距 (L) 5m 放矿结果

分段号	应放出矿量 /g	放出矿石量 /g	放出岩石量 /g	放出矿岩总量 /g	岩石混入率 /%	矿石回收率 /%
2	10485.00	7211.58	782.88	7994.47	9.79	68.78
3	10485.00	9721.69	1593.13	11314.82	14.08	92.72
4	10485.00	10338.21	1781.61	12119.82	14.70	98.60
5	10485.00	11061.68	1968.92	13030.60	15.11	105.50
合计	41940.00	38333.16	6126.55	44459.71	13.78	91.4

表 6-9　进路间距（B）15m 放矿步距（L）4m 放矿结果

分段号	应放出矿量 /g	放出矿石量 /g	放出岩石量 /g	放出矿岩总量 /g	岩石混入率 /%	矿石回收率 /%
2	8388.00	6212.99	1216.98	7429.97	16.38	74.07
3	8388.00	7860.39	1338.43	9198.82	14.55	93.71
4	8388.00	8270.57	1285.26	9555.83	13.45	98.60
5	8388.00	8651.38	1710.80	10362.18	16.51	103.14
合计	33552.00	30995.34	5551.46	36546.80	15.19	92.38

表 6-10　进路间距（B）17.5m 放矿步距（L）6m 放矿结果

分段号	应放出矿量 /g	放出矿石量 /g	放出岩石量 /g	放出矿岩总量 /g	岩石混入率 /%	矿石回收率 /%
2	14679.00	10427.96	1475.65	11903.61	12.40	71.04
3	14679.00	13610.37	1988.91	15599.28	12.75	92.72
4	14679.00	14179.91	2203.58	16383.49	13.45	96.60
5	14679.00	14796.43	2281.63	17078.06	13.36	100.80
合计	58716.00	53014.68	7949.76	60964.44	13.04	90.29

表 6-11　进路间距（B）17.5m 放矿步距（L）5m 放矿结果

分段号	应放出矿量 /g	放出矿石量 /g	放出岩石量 /g	放出矿岩总量 /g	岩石混入率 /%	矿石回收率 /%
2	12232.5	9274.68	1340.99	10615.67	12.63	75.82
3	12232.5	11792.13	1808.94	13601.07	12.60	96.40
4	12232.5	11694.27	1762.89	13457.16	13.10	95.60
5	12232.5	11877.76	1869.65	13747.40	13.60	97.10
合计	48930.0	44638.84	6782.47	51421.31	13.19	91.23

表 6-12　进路间距（B）17.5m 放矿步距（L）4m 放矿结果

分段号	应放出矿量 /g	放出矿石量 /g	放出岩石量 /g	放出矿岩总量 /g	岩石混入率 /%	矿石回收率 /%
2	9786	7769.11	1542.86	9311.96	16.57	79.39
3	9786	8562.75	1251.29	9814.04	12.75	87.50
4	9786	10047.29	1802.33	11849.61	15.21	102.67
5	9786	10314.44	1909.36	12223.80	15.62	105.40
合计	39144.0	36693.59	6505.83	43199.42	15.06	93.74

表6-13 进路间距（B）20m 放矿步距（L）6m 放矿结果

分段号	应放出矿量 /g	放出矿石量 /g	放出岩石量 /g	放出矿岩总量 /g	岩石混入率 /%	矿石回收率 /%
2	16776.00	10201.49	736.93	10938.42	6.74	60.81
3	16776.00	15554.71	2648.58	18203.29	14.55	92.72
4	16776.00	16541.14	2850.58	19391.72	14.70	98.60
5	16776.00	16660.25	2526.95	19187.20	13.17	99.31
合计	67104.00	58957.57	8763.05	67720.62	12.94	87.86

表6-14 进路间距（B）20m 放矿步距（L）5m 放矿结果

分段号	应放出矿量 /g	放出矿石量 /g	放出岩石量 /g	放出矿岩总量 /g	岩石混入率 /%	矿石回收率 /%
2	13980.00	10413.70	920.21	11333.91	8.12	74.49
3	13980.00	12962.26	2207.15	15169.40	14.55	92.72
4	13980.00	13784.28	2362.24	16146.52	14.63	98.60
5	13980.00	13464.14	2175.47	15639.61	13.91	96.31
合计	55920.00	50624.38	7665.06	58289.44	13.15	90.53

表6-15 进路间距（B）20m 放矿步距（L）4m 放矿结果

分段号	应放出矿量 /g	放出矿石量 /g	放出岩石量 /g	放出矿岩总量 /g	岩石混入率 /%	矿石回收率 /%
2	11184.00	8103.93	1411.69	9515.62	14.84	72.46
3	11184.00	10369.80	1765.72	12135.52	14.55	92.72
4	11184.00	11150.45	1969.27	13119.72	15.01	99.70
5	11184.00	11201.89	2165.52	13367.42	16.20	100.16
合计	44736.00	40826.07	7312.20	48138.28	15.19	91.26

表6-16 进路间距（B）25m 放矿步距（L）6m 放矿结果

分段号	应放出矿量 /g	放出矿石量 /g	放出岩石量 /g	放出矿岩总量 /g	岩石混入率 /%	矿石回收率 /%
2	20970.00	11369.93	1226.79	12596.72	9.74	54.22
3	20970.00	18849.93	2744.67	21594.61	12.71	89.89
4	20970.00	19982.31	3285.40	23267.71	14.12	95.29
5	20970.00	20424.78	3352.61	23777.39	14.10	97.40
合计	83880.00	70626.96	10609.48	81236.44	13.06	84.2

表 6-17　进路间距（B）25m 放矿步距（L）5m 放矿结果

分段号	应放出矿量 /g	放出矿石量 /g	放出岩石量 /g	放出矿岩总量 /g	岩石混入率 /%	矿石回收率 /%
2	17475.00	12159.11	2039.83	14198.94	14.37	69.58
3	17475.00	16665.91	2426.67	19092.57	12.71	95.37
4	17475.00	17244.33	2684.40	19928.73	13.47	98.68
5	17475.00	17483.74	2869.86	20353.59	14.10	100.05
合计	69900.00	63553.08	10020.76	73573.84	13.62	90.92

表 6-18　进路间距（B）25m 放矿步距（L）4m 放矿结果

分段号	应放出矿量 /g	放出矿石量 /g	放出岩石量 /g	放出矿岩总量 /g	岩石混入率 /%	矿石回收率 /%
2	13980.00	9281.32	2335.89	11617.21	20.11	66.39
3	13980.00	13332.73	2299.50	15632.23	14.71	95.37
4	13980.00	13933.87	2169.06	16102.93	13.47	99.67
5	13980.00	13986.99	2295.89	16282.88	14.10	100.05
合计	55920.00	50534.90	9100.34	59635.24	15.26	90.37

2）模拟结果分析，如表 6-19 和表 6-20 所示。

表 6-19　实验结果汇总

实验方案 B×L/m×m	应放出矿量 /g	放出矿石量 /g	放出岩石量 /g	放出矿岩总量 /g	岩石混入率 /%	矿石回收率 /%
15×4	33552	30995.34	5551.46	36546.80	15.19	92.38
15×5	41940	38333.16	6126.55	44459.71	13.78	91.40
15×6	50328	44801.99	6600.02	51402.00	12.84	89.02
17.5×4	39144	36693.59	6505.83	43199.42	15.06	93.74
17.5×5	48930	44638.84	6782.47	51421.31	13.19	91.23
17.5×6	58716	53014.68	7949.76	60964.44	13.04	90.29
20×4	44736	40826.07	7312.20	48138.28	15.19	91.26
20×5	55920	50624.38	7665.06	58289.44	13.15	90.53
20×6	67104	58957.57	8763.05	67720.62	12.94	87.86
25×4	55920	50534.90	9100.34	59635.24	15.26	90.37
25×5	69900	63553.08	10020.76	73573.84	13.62	90.92
25×6	83880	70626.96	10609.48	81236.44	13.06	84.20

表 6-20　实验结果汇总

实验方案 $B×L/m×m$	应放出矿量 /g	放出矿石量 /g	放出岩石量 /g	放出矿岩总量 /g	岩石混入率 /%	矿石回收率 /%
15×4	33552	30995. 34	5551. 46	36546. 80	15. 19	92. 38
17. 5×4	39144	36693. 59	6505. 83	43199. 42	15. 06	93. 74
20×4	44736	40826. 07	7312. 20	48138. 28	15. 19	91. 26
25×4	55920	50534. 90	9100. 34	59635. 24	15. 26	90. 37
15×5	41940	38333. 16	6126. 55	44459. 71	13. 78	91. 40
17. 5×5	48930	44638. 84	6782. 47	51421. 31	13. 19	91. 23
20×5	55920	50624. 38	7665. 06	58289. 44	13. 15	90. 53
25×5	69900	63553. 08	10020. 76	73573. 84	13. 62	90. 92
15×6	50328	44801. 99	6600. 02	51402. 00	12. 84	89. 02
17. 5×6	58716	53014. 68	7949. 76	60964. 44	13. 04	90. 29
20×6	67104	58957. 57	8763. 05	67720. 62	12. 94	87. 86
25×6	83880	70626. 96	10609. 48	81236. 44	13. 06	84. 20

通过对梅山铁矿大间距结构参数单步距的实验室模拟研究,可以得出如下结论:

(1) 进路间距(B)加大(15~25m),对矿石回收率和岩石混入率有较大影响。在相同放矿步距(L)时,随进路间距的变大,岩石混入率趋于增加,但波动不大;而矿石回收率逐渐降低。

(2) 从五个分段的实验数据看,分段的矿石回收率自第三分段开始显著增加并趋于稳定,岩石混入率波动不大,说明放矿过程的自适应性,即上丢下拣。

(3) 在段高(H)15m,进路间距(H)17.5~20m,放矿步距4~5m,回采指标较优。

C　基于大间距理论的 SLS 系统放矿仿真

a　方案的选择

所选的方案是:在分段高度(15m)和进路间距(20m)一定的情况下,取不同的放矿步距(3.2m、3.6m、4.0m、4.5m、5.0m、5.5m)进行模拟。

b　停止放矿指标的确定

现场地质品位 $C=46.39\%$,岩石品位 $C_Y=5\%$,矿石体重 $R_K=4.06g/cm^3$,岩石体重 $R_Y=2.6g/cm^3$,现场截止品位为 $C_J=30\%$。截止放矿岩石混入率(重量)取 $P'=40\%$。计算机模拟放矿的特点是以模块为基本单位,所以在计算机模拟放矿时,停止放矿指标为体积岩石混入率 P_V。P_V 的计算式为:

$$P_V = \frac{R_K}{R_K + \left(\dfrac{1}{P'} - 1\right) R_Y} \tag{6-3}$$

式中符号意义同上。

把上面数据代入

$$P_V = \frac{4.06}{4.06 + \left(\dfrac{1}{0.4} - 1\right) \times 2.6} = 0.51 = 51\%$$

故计算机模拟截止放矿体积岩石混入率取 $P_V = 51\%$。

c 仿真结果及结论

放矿模拟结果列于表 6-21。

表 6-21 放矿计算机模拟数据

指 标	方案 1		方案 2		方案 3		方案 4		方案 5		方案 6	
	试验 1	试验 2	试验 1	试验 2	试验 1	试验 2	试验 1	试验 2	试验 1	试验 2	试验 1	试验 2
矿石回收率/%	84.47	84.12	83.74	83.21	84.19	83.61	82.14	82.01	78.57	78.11	75.48	74.92
岩石混入率/%	15.61	15.74	14.95	14.85	12.3	11.55	13.14	12.64	14.31	13.57	14.67	14.33
回贫差/%	68.86	68.38	68.79	68.36	71.89	72.06	69	69.37	64.26	64.54	60.81	60.59

注：回贫差=矿石回收率-岩石混入率。

图 6-12~图 6-15 为各方案回收指标的不同曲线图，从图中可直接看出不同方案的回收指标的优劣。

此次模拟结果与同条件下梅山铁矿崩落法放矿的物理试验进行了比较，模拟结果与物理试验结果大致相同，得出的主要结论基本一致。

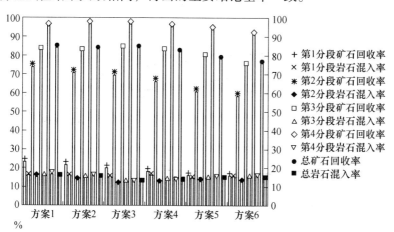

图例：
+ 第1分段矿石回收率
× 第1分段岩石混入率
* 第2分段矿石回收率
◆ 第2分段岩石混入率
□ 第3分段矿石回收率
△ 第3分段岩石混入率
◇ 第4分段矿石回收率
▽ 第4分段岩石混入率
● 总矿石回收率
■ 总岩石混入率

图 6-12 各方案不同分段回收指标柱状图

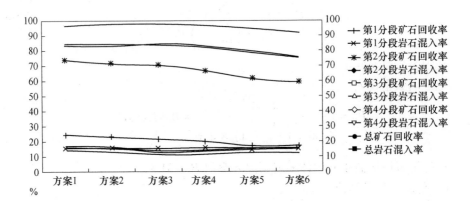

图 6-13　各方案不同分段回收指标折线图

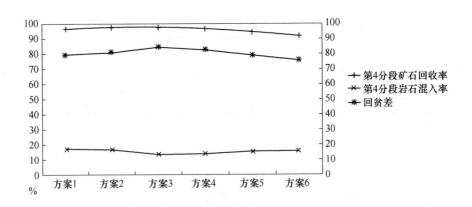

图 6-14　第四分段回收指标折线图

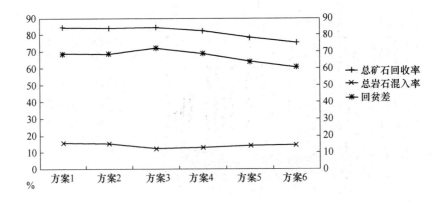

图 6-15　总回收指标折线图

6.2.2.3　步距与岩石混入率关系研究

A　覆岩下放矿的放出体和结构参数

当回采分段上面有足够覆岩层，从进路端部出矿，在端壁为直壁情况下，放出体为一近似椭球缺。表示放出椭球体形状特征的偏心率取决于放出体高度与流动带宽度。沿进路方向的流动带尺寸小，故该方向的偏心率大；垂直进路方向的流动带尺寸大，故偏心率小。由此可知放出体的横截面为一近似三不等轴椭球缺。无底柱分段崩落法放矿时崩落矿岩移动图像如图 6-16 所示。

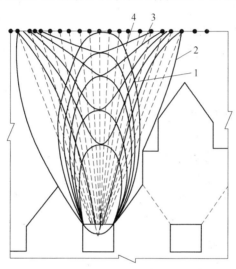

图 6-16　无底柱分段崩落法放矿时崩落矿岩移动图像
1—放出体；2—松动体；3—放出漏斗；4—移动迹线

无底柱分段崩落法结构参数包括分段高度（H）、进路间距（B）、步距（L）、进路尺寸（$b \times h$）和崩矿边壁角（α）等。一般情况下对矿石回收指标影响较大者为 H、B 和 L，本节所讨论的是在分段高度和进路间距一定情况下，步距和岩石混入率的关系。

B　岩石混入过程

结构参数与放出体的吻合关系，与采用的放矿方式有关。采用现行截止品位放矿时，须使放出体首先与端部矿岩界面接触，但应保持岩石混入量缓缓增长，随着两侧岩石到达，此时端部与两侧岩石同时混入，但放出体横轴增大减缓，亦即在此方向上的岩石混入强度较低。一旦当顶部岩石到达，顶部岩石混入强度大，此时端部、两侧和顶部岩石同时混入，很快达到截止品位。亦即从岩石混入强度讲，端部岩石最小，其次两侧岩石，顶部岩石最大。

当采用不贫化放矿方式时，在正常放矿情况须使放出体原则上与端部、两侧及顶部矿岩界面同时接触为好，亦即使放出体与矿堆形态最大吻合，因为不贫化放矿时以矿岩界面正常到达出矿口为截止放矿条件。

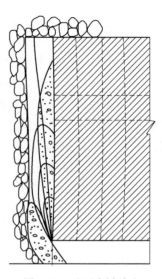

根据上述分析，在分段高度（H）和进路间距（B）一定的情况下，步距（L）过大，将增大端部残留数量，此时混入的岩石主要来自顶部，下步距回收端部残留时将产生较大的损失，岩石混入率小；反之，步距过小时，端部岩石首先侵入造成贫化，并有可能将崩落矿石层阻截，放到截止品位时有一部分矿石未被放出而形成贴壁残留（图 6-17）。同时由于步距过小将增加贫化次数，使贫化率增大。

C　利用 SLS 系统对步距和矿石损失贫化关系进行放矿模拟实验

图 6-17　矿石未被放出
而形成贴壁残留

以某矿山为例，利用 SLS 系统进行放矿实验。需要设置以下参数：工业矿石品位 $C = 42\%$，岩石品位 $C_Y = 7.5\%$，矿石密度 $R_K = 3.67 \mathrm{g/cm^3}$，岩石密度 $R_Y = 2.75 \mathrm{g/cm^3}$，分段数 5，进路数 6，步距数 6，模块尺寸 1m×1m，进路尺寸 4m×3m，边孔角 55°，当次放出量 30 块，采用穿脉布置。截止放矿品位 $C_J = 20\%$，计算机模拟放矿的特点是以模块为基本单位，所以在计算机模拟放矿时，停止放矿指标为体积岩石混入率 P_V。设质量岩石混入率为 P'，P' 和 P_V 的计算式为

$$P' = \frac{C - C_J}{C - C_Y} \times 100\% = \frac{42 - 20}{42 - 7.5} \times 100\% = 63.8\%$$

$$P_V = \frac{R_K}{R_K + \left(\dfrac{1}{P'} - 1\right) R_Y} = \frac{3.67}{3.67 + \left(\dfrac{1}{0.638} - 1\right) \times 2.75} = 70\%$$

故计算机模拟截止放矿体积岩石混入率取 $P_V = 70\%$。

本次实验选择 8 个方案，结构参数列于表 6-22。

表 6-22　计算机模拟方案参数

方案参数	方案 1	方案 2	方案 3	方案 4	方案 5	方案 6	方案 7	方案 8
分段	15	15	15	15	15	15	15	15
间距	15	15	15	15	20	20	20	20
步距	2	3	4	5	2	3	4	5

多分段放矿实验的矿石回收指标见表 6-23，根据实验获得如图 6-18 的矿石贫化过程和规律。

表 6-23 不同放矿方案矿石回收指标　　　　　　　（％）

实验方案	指标名称	分段指标					总回收指标
		1	2	3	4	5	
方案 1	矿石回收率	45.53	92.46	93.98	97.40	99.57	86.24
	岩石混入率	42.20	42.48	42.24	42.00	42.05	42.06
	纯矿石回收率	16.48	17.88	19.18	17.25	19.27	18.46
方案 2	矿石回收率	42.47	92.51	97.62	96.30	98.51	86.39
	岩石混入率	32.58	33.82	34.15	34.00	34.45	33.72
	纯矿石回收率	26.21	32.21	34.91	33.01	35.51	33.28
方案 3	矿石回收率	39.83	91.62	95.90	97.68	98.98	86.23
	岩石混入率	26.35	26.19	26.98	27.21	17.63	26.63
	纯矿石回收率	29.75	51.29	53.56	53.25	54.37	49.88
方案 4	矿石回收率	36.48	88.22	96.63	96.41	98.38	84.93
	岩石混入率	26.27	21.89	23.00	23.25	23.18	22.81
	纯矿石回收率	26.35	62.77	64.88	62.92	65.23	58.14
方案 5	矿石回收率	33.63	83.24	93.55	96.63	97.86	80.74
	岩石混入率	41.44	40.51	41.51	40.85	42.63	41.32
	纯矿石回收率	12.20	14.63	14.44	14.86	15.85	14.75
方案 6	矿石回收率	32.12	83.52	94.49	97.59	96.62	81.58
	岩石混入率	32.42	34.26	34.93	35.44	34.26	34.37
	纯矿石回收率	20.54	23.88	27.24	25.68	30.53	26.29
方案 7	矿石回收率	30.47	79.98	95.16	97.37	97.79	81.24
	岩石混入率	27.24	25.60	27.81	28.20	27.19	27.01
	纯矿石回收率	22.04	40.94	45.35	46.51	47.07	41.47
方案 8	矿石回收率	27.98	78.30	93.76	97.51	97.40	80.28
	岩石混入率	27.36	21.31	22.65	23.98	23.63	23.03
	纯矿石回收率	19.77	55.39	63.32	59.48	59.65	52.81

（1）在分段高度和进路间距一定的情况下，增加步距可以降低岩石混入率，同时可以大大增加纯矿石回收率。

（2）在分段高度 15m，进路间距 20m 的情况下，当步距为 2m 时，岩石混入率较大，当步距增加到 5m 时，岩石混入率最低，但矿石回收率也降低，故最优步距可为 3~4m。

（3）在分段高度和步距一定的情况下，增加分段高度将增加岩石混入率。

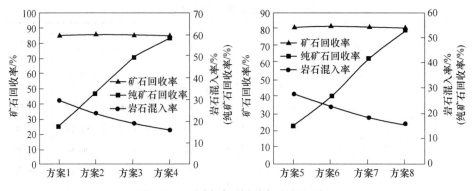

图 6-18　不同方案回收指标之间的关系

D　结论

（1）利用 SLS 系统进行放矿实验，方便快捷，同时能表明矿石移动、回收与残留过程，以及岩石混入过程。根据研究要求，若想知道放出矿石原来占有空间位置，未被放出矿石残留在何处，混入岩石是从哪里来的等等，计算机模拟放矿都可以实现，这是模型实验无法完成的。

（2）无底柱分段崩落法在分段高度和进路间距已经确定的情况下，采用现行截止品位放矿，步距值对矿石损失贫化具有一定影响，特别是对岩石混入率影响较大。

（3）根据对覆岩下放矿崩落矿岩移动过程的分析和放矿模拟实验结果，推荐在分段高度 15m 和进路间距 20m 情况下，步距优值范围为 3~4m。

6.2.2.4　无底柱崩落采矿大断面结构参数的数值模拟研究

武钢金山店铁矿是武钢集团公司主要铁矿石供应基地之一，采用无底柱崩落法出矿。目前武钢集团公司自产铁矿石严重不足，国外进口铁矿石价格又居高不下，该矿山以往采用的高分段窄进路（$H=14m$，$B=10m$）、装运机出矿的无底柱分段崩落法，由于受到出矿设备的制约，生产能力难有大的突破。为了充分发挥铲运机的出矿效率，降低损失贫化，该矿三期采矿设计拟采用 $H=14m$，$B=16m$，$b=3.6m$，$h=3.2m$ 的大结构参数。对拟采用结构参数的合理性进行综合评价，并确定合理的崩矿步距，是该矿山非常关心的问题。

通常对矿石回收指标影响较大者为 H、B 和 L，对巷道稳定性影响较大者为 b、h、H、B。矿石回收指标和巷道稳定性影响因素是交错的，所以应进行综合分析。现场试验和模型试验对采场参数选择是必要的，但前者消耗大量人力物力，后者的材料结构相似性不好把握，尤其是都需要消耗大量时间。本研究运用基于放矿理论和岩土学理论的数值模拟方法，在计算机上快速实现模拟、分析结构参数对回收指标及围岩稳定性的影响规律，为合理选择采场结构参数提供依据。

A   采区结构参数的回收指标数值试验

在金山店铁矿三期采矿总体设计中，采用斗容为 3.0m³ 的电动铲运机出矿，相应地需增大结构参数。在分段高度 H 确定继续沿用 14m 的情况下，变动进路间距 B 和崩矿步距 L，根据矿山可能采取的参数范围，组合构造 17 个放矿试验放案。其他参数分别为：进路宽度 b=3.6m，进路高度 h=3.2m，移动模型尺寸 1m×1m×1m，实验分段数 5 个，每个分段进路数 4 条，每个进路的步距数 6 个，工业品位 C=30%，岩石品位 C_Y=7.5%，矿石密度 R_K=3.67g/cm³，岩石密度 R_Y=2.75g/cm³。

每种方案回收指标是 5 个分段放矿试验的平均值。运行模拟系统进行数值试验，得到各方案结构参数对应的回收指标，见表 6-24 和图 6-19。

表 6-24   放矿试验方案和放矿结果

方　案	进路间距 B/m	步距 L/m	矿石回收率 H_K/%	岩石混入率 Y/%	回贫差 H_K-Y/%
1	10	2.5	94.68	40.39	54.29
2	14	3	88.60	37.25	51.35
3	14	3.5	92.54	32.69	59.85
4	14	4	88.09	30.35	57.74
5	14	4.5	88.50	28.43	60.07
6	15	3	87.54	37.38	50.16
7	15	3.5	91.25	32.81	58.44
8	15	4	86.79	30.47	56.32
9	15	4.5	87.39	28.61	58.78
10	16	3	86.64	37.04	49.60
11	16	3.5	90.26	32.50	57.76
12	16	4	86.18	30.37	55.81
13	16	4.5	86.34	28.16	58.18
14	17	3	85.71	37.71	48.00
15	17	3.5	89.11	32.74	56.37
16	17	4	85.11	30.47	54.64
17	17	4.5	85.34	28.21	57.13

通过实验结果看出：矿石回收率最大者（94.68%）为方案 1，但其岩石混入率较大（40.39%），回贫差较小（54.29%）。岩石混入率最低者（28.16%）为方案 13，但它的矿石回收率（86.34%）较低，回贫差较大（58.18%）。步距与岩石混入率的关系比较明显，步距大者岩石混入率低；步距与回贫差关系也较

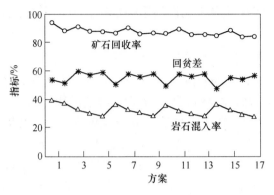

图 6-19　各方案的指标对比

明显，步距大者回贫差高。在分段高度和步距一定情况下，矿石回收率随着进路间距的增大而减少，岩石混入率随着进路间距变化不明显。

由模拟结果知，步距在 3.5~4.5m 时回收率较大，回贫差也较大，对于回收指标是有利的；再结合前期凿岩爆破参数方面的研究结果，推荐步距 L 为 3.5m。当步距为 3.5m 时，进路间距 B 为 17m、16m、14m 的回贫差分别为 56.37%、57.76% 和 59.85%。$B=16m$ 比 $B=14m$ 的回收指标略差，但差距不大。除了回收指标因素，该矿山认为 $B=16m$ 方案兼顾了设备情况、掘进费用、凿岩费用、出矿费用等多方面因素，所以这一参数也是合理的。

　　B　采区进路稳定性数值模拟

巷道围岩稳定性是安全生产的重要条件。进路开采将在矿块空间内形成巷道群，结构参数的不同使巷道群的分布和硐室尺寸有所不同，从而稳定性也不同。对拟采用的结构参数 $H=14m$，$B=16m$，$b=3.6m$，$h=3.2m$ 的采准巷道进行三维数值模拟，对其围岩稳定性进行了评价和分析。

　　a　三维拉格朗日差分软件 FLAC[3D]

FLAC[3D] 由美国 ItascaConsultingGroupInc. 开发的三维显式有限差分法程序，该程序采用"混合离散化"技术，更为精确和有效地模拟计算材料的塑性破坏和塑性流动。它全部使用动力运动方程，较好地模拟系统的力学不平衡到平衡的全过程。FLAC[3D]可以模拟如岩体、土体或其他材料实体，梁（Beam）、锚杆单元（Cable）、桩（Pile）、壳（Shell）以及人工结构如支护、衬砌、锚索、岩柱、土工织物、摩擦桩、板桩等多种结构形式。另外，FLAC[3D] 设有界面单元（Interfaces），可以模拟节理、断层或虚拟的物理边界等。FLAC[3D]软件已成为岩土工程技术人员较为理想的三维计算分析工具。

　　b　进路巷道群顺次开挖数值模型

金山店铁矿岩石种类多、性质比较复杂。分布在矿体上下盘紧靠矿体部位的主要是矽卡岩,往往成为矿体的直接底板岩石,还分布有岩性更差的粉状矿体。上述岩石岩性软硬不均,其力学强度较低,岩石中裂隙发育,属稳定性差的岩石。本实例考虑大多数情况,以-270~-340m 的矽卡岩的采准巷道进行计算。考虑一个矿块内的-298m、-312m、-326m 3 个水平共 18 条进路,巷道群按照从左到右、从上到下的顺序成硐,以两个进路巷道成硐作为 1 个开挖步,共形成 9 个开挖步。据此建立长 100m,高 70m,宽 40m 的三维数值模型,剖分成 49383 个六面体实体单元。模型的底面三向约束,四周侧面沿其法线方向单向约束。

根据该矿原始应力测量报告,垂直方向正应力大小与自重应力 γ_H 基本吻合,存在一定的水平构造应力,计算采取 $\sigma_x = 0.87\sigma_y$,$\sigma_z = 0.98\sigma_y$。

根据前期地质调查和岩石力学实验数据,并参考有关资料,数值模拟采用表 6-25 的岩石力学参数。

表 6-25 计算的岩石力学参数

容重 /kg·m⁻³	抗压强度 σ/MPa	抗剪强度		弹性模量 E/10⁴MPa	泊松比 μ
		c/MPa	φ/(°)		
2650	37	2.4	26.8	0.6	0.30

弹塑性本构模型采用莫尔库仑的屈服准则。该准则描述如下:

$$f_s = \sigma_1 - \sigma_3 \frac{1 + \sin\varphi}{1 - \sin\varphi} - 2c\sqrt{\frac{1 + \sin\varphi}{1 - \sin\varphi}}$$

式中,σ_1、σ_3 分别是最大和最小主应力;c、φ 分别是材料的黏结力和内摩擦角。

c 位移、应力和塑性区分析

模拟结果显示,随着进路群顺次开挖后应力不断释放和调整,围岩均向硐内收敛。随着进路群开挖的进行,矿块内最大竖向位移由-4.72mm 逐渐增大到-11.98mm(图 6-20),进路巷道群开挖完成后竖向位移分布见图 6-21。

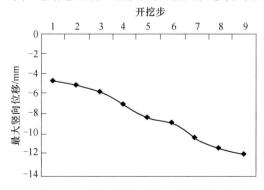

图 6-20 最大竖向位移随开挖步的变化

由于相邻水平的巷道是交错排布的，所以竖向位移场也呈规律的交错排布。尽管后期巷道开挖对前期巷道竖向位移的影响较大，但这种影响是整体作用在巷道围岩（包括顶拱和底板）的一定区域上，对一个巷道内而言其围岩相对收敛位移变化不大。

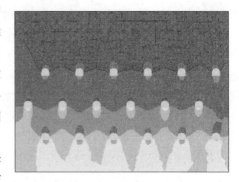

图 6-21　竖向位移等值线图

随着巷道开挖进行，应力逐步释放，最小主应力的最大绝对值随着开挖由 10.89MPa 逐渐变化到 11.98MPa（图 6-22）。最小主应力集中部位随着开挖也在变化，一般分布在当前的下部巷道侧墙处。考虑以负值表示压应力，开挖完成后最小主应力的等值线分布见图 6-23。而开挖完成后最大主应力的最大值为−1.408MPa，开挖过程中最大主应力也都是负值，即未出现拉应力。

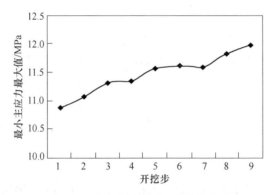

图 6-22　最小主应力随开挖步的变化

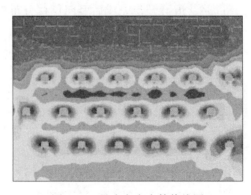

图 6-23　最小主应力等值线图

　　由图 6-23 可看到各巷道具有较为一致的压力分布规律，即顶拱处为压力释放区，侧帮为压力集中区。这是由于上方拱形承压带岩体的自撑作用减轻了原岩体对卸压区岩体所施荷载，开挖后应力转移到周围侧帮岩体中所致。对一个巷道来说两侧压力集中程度并不相同，并随着开挖过程发生变化。开挖完成后大多数巷道左侧的应力集中区大于右侧，下排巷道应力集中程度大于上排巷道，这是受开挖顺序影响造成的。

　　随着开挖，巷道围岩会产生塑性区，但范围不大。进路巷道开挖对同一水平相邻进路巷道塑性区基本没有影响，对于不同水平的相邻巷道的塑性区状态具有明显的影响。开挖完成后，最下面的 -326m 水平进路附近新产生了剪切引起的塑性区，而 -298m 水平进路围岩的塑性区几乎都是在 -298m 水平开挖过程产生的，下一水平开挖缓解了上一水平巷道围岩的压缩状态（图 6-24）。总体上塑性区在硐周分布较均匀，其深度小于 2m。现该矿山技术科的进路设计采用锚喷支护，锚杆长度设计为 1.8~2.1m，从本计算看是合理的。

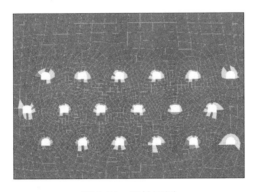

图 6-24　塑性区图

　　综合巷道群开挖后位移、应力和塑性区的模拟结果，下部巷道应力集中区大于上部，相邻水平巷道的开挖并没有使巷道稳定性恶化。拟设计 $H = 14m$，$B = 16m$，$b = 3.6m$，$h = 3.2m$ 的进路参数和支护方案能够保持整个进路群巷道良好的稳定性。

C　结语

　　（1）针对金山店铁矿大断面结构参数问题，综合采用东北大学的 SLS 崩落放矿系统和 ITASCA 公司的岩土工程软件 FLAC^{3D}，对采场结构参数进行了研究，结果表明，上述软件系统用于采场结构参数的研究分析是可行的，具有高效快速的特点。

　　（2）本书数值放矿模拟表明，该矿山拟采用的 16m 进路间距与 14m 相比放矿回贫差有所降低，但影响程度并不明显。计算范围内，崩矿步距为 3.5~4.5m 更有利于放矿指标。兼顾爆破参数研究结果，推荐参考步距为 3.5m。

（3）对拟采用的结构参数 $H=14$m，$B=16$m，$b=3.6$m，$h=3.2$m 的进路群开挖模拟表明，下部巷道应力集中区大于上部，巷道开挖的进行并没有使巷道稳定性恶化，开挖完成后岩块内没有拉应力，整个进路群巷道具有良好的稳定性。

（4）本书数值模拟结果对该矿山的生产具有重要的指导意义。同时也应看到，采场结构参数所涉及的矿山系统是极其复杂的，数值模拟并不能完全取代现场实验和模型实验。本书数值模拟在一定简化原则下更多地考虑全局普遍性的信息，而忽略了一些局部特殊性的信息，比如粉矿放矿规律、粉状围岩稳定性、高岭土遇水膨胀等特殊问题，建议矿山针对这些特殊问题进一步开展专题研究，以促进矿山的安全生产和获得更高的经济效益。

6.2.2.5　无底柱分段崩落法端壁倾角与步距关系模拟优化

某铁矿是我国大型地下矿山之一，采用无底柱分段崩落法进行开采。目前矿山计划进一步加大结构参数，将采场结构参数有原来的 15m×20m 改变为 18m×20m。在分段高度与进路间距参数不变的情况下，放矿步距是最敏感的参数之一，直接影响回收指标的优劣，同时端壁倾角也对回收指标有一定的影响，为了获得更好的放矿效果，需要对端壁倾角及放矿步距关系进行优化，进而改善放矿效果，提高采矿回收率。

根据该铁矿的实际情况，东北大学研发了无底柱分段崩落法放矿计算机模拟系统，该系统可以对大参数、不同端部倾角等条件下的放矿进行模拟，该系统对边界条件的处理、停止放矿方式、放矿显示方式、放出体空间显示效果、概率赋值方法及规则、数据处理、特殊结构参数处理、当次放出量选取、进路布置方式等，特别是对移动概率赋值分析、模块大小等有独到的研究，模拟结果可靠，符合物理试验结果。

为了进一步确定大结构参数下步距的优值，本研究做了 1 组实验室放矿模拟，其结果与计算机模拟结果趋势一致，可为矿山工作者提供科学依据。

A　放矿计算机模拟

针对该铁矿实际需求，按照 4 进路、5 分段、4 步距的布置方式，取模块尺寸为 0.5m×0.5m×0.5m，进路规格为 3.8m（高度）×5.5m（宽度），当次放出量为 30m³，以截止品位优先方式截止放矿，截止放矿体积岩石混入率为 51%。其他参数设置为：现场地质品位 46.39%，岩石品位 5%，矿石密度 4.06g/cm³，岩石密度 2.6g/cm³。

所选的方案参数详见表 6-26。

B　计算机模拟结果及分析

本次放矿模拟结果列于表 6-27～表 6-29。

表 6-26 计算机模拟方案参数

方案	分段/m	间距/m	步距/m	端部倾角/(°)
1	18	20	3.6	80
2	18	20	3.6	85
3	18	20	3.6	90
4	18	20	4.0	80
5	18	20	4.0	85
6	18	20	4.0	90
7	18	20	4.4	80
8	18	20	4.4	85
9	18	20	4.4	90
10	18	20	4.8	80
11	18	20	4.8	85
12	18	20	4.8	90

表 6-27 计算机模拟数据（80°倾角方案比较）

方案	矿石回收率/%	岩石混入率/%	回贫差/%
1	69.07	19.76	49.31
4	65.52	19.28	46.24
7	69.51	17.89	51.62
10	63.35	17.72	47.63

表 6-28 计算机模拟数据（85°倾角方案比较）

方案	矿石回收率/%	岩石混入率/%	回贫差/%
2	60.31	19.66	40.65
5	56.71	18.51	38.20
8	61.19	17.97	43.22
11	57.60	19.52	38.08

表 6-29 计算机模拟数据（90°倾角方案比较）

方案	矿石回收率/%	岩石混入率/%	回贫差/%
3	77.36	20.51	56.85
6	73.18	18.44	54.74
9	76.53	17.35	59.18
12	72.48	17.34	55.14

从表 6-27~表 6-29 中可以得出方案 7、方案 8 和方案 9 的回收指标优于其他几个方案，说明在分段高度为 18m，进路间距为 20m，端壁倾角在 80°到 90°的范围内，步距应取 4.4m；反过来说，当步距相同时，如方案 1、方案 2 和方案 3 相比较，方案 3 优于其他方案，说明在分段高度为 18m，进路间距为 20m，步距一定时，端壁倾角应取 90°。

当前该铁矿的端壁倾角为 90°，为了进一步确定在大结构参数下的最优步距值，本研究同时做了一组实验室物理放矿试验，使其结果与计算机模拟结果进行相互印证。

C   实验室物理放矿试验

a   放矿试验装置

在该放矿试验中需要用到试验装置和试验材料有：比例为 1∶50 的放矿模型、试验模型前挡板和侧挡板、试验步距板、试验进路、磁铁、选矿机、试验料箱、吸盘、电子秤、磅秤、行吊、试验用矿石和试验用废石。装置实体图如图 6-25 所示。

图 6-25   试验装置实体

b   试验方案

根据模型放矿所要解决的问题和某铁矿的要求，本试验的几何模拟比为 1∶50。1∶50 的模拟比在研究不同放矿制度的损失贫化指标时，模拟范围较大，试验得到的数据精确度高，结果比较可靠，但是该比例下模型较大，试验的工作量大，重复试验不方便。

本试验所用放矿模型长度为 1.4m，高度为 2m。试验模型共分为 5 个分段，分段高度为 36cm，进路间距为 40cm，进路尺寸为 7.6cm×11cm，废石装填高度为 30cm，试验共模拟 4 个步距。试验方案见表 6-30。

表 6-30 试验方案

方 案	分段高度/m	进路间距/m	放矿步距/m	端部倾角/(°)
1	18	20	3.6	90
2	18	20	4	90
3	18	20	4.4	90
4	18	20	4.8	90

c 试验材料制备

模拟用的松散材料应能破碎成各种粒级，有一定强度，在放矿过程中不破碎并能长期保持原有物理力学性质。模拟矿石与废石的材料的颜色最好能显著区别，易于分选。本试验所选用的模拟松散材料为某铁矿的磁铁矿和白云岩。

某铁矿放矿试验的散体块度粒级组成按照筛网半径统计结果选取，结果如表 6-31 所示。

表 6-31 散体粒级组成

现场颗粒粒径/mm	0~100	100~200	200~300	300~400	400~500	500~600	800 以上
1:50 筛分粒径/mm	0~1	1~2	2~3	3~4	4~5	5~6	8 以上
比例/%	77.6	17.8	3	0.8	0.2	0.5	0.2

在得到散体粒级的组成表之后按照表 6-31 所列各个粒级所占比例得到每个粒级矿石所需量，根据此表来破碎矿石，并将不同粒级的矿石筛分出来。待矿石被筛分完毕后，将矿石混合均匀，则试验用模拟松散材料制备完毕。该试验共制备模拟松散材料 3000kg。

d 装填模型

将制备好的模拟松散材料按要求装入试验模型，装填平面模型的步骤如下。

（1）安装侧挡板。将按照设计要求制作的侧挡板安装于试验装置的两侧，测量侧挡板之间的距离确保两侧挡板相距为 1.4m。

（2）安放前挡板，并插入 4 个步距板。安放试验进路，并根据崩矿步距的大小计算进路露出挡板的长度，并画线作为记号。

（3）装填矿石。称量模拟松散材料重量，将矿石均匀装填到该分段的 4 个步距中，一定要均匀装填。装填完毕后将该分段模拟松散材料摊平。

（4）按照同样的步骤分别装填 1，2，3，4，5 分段，待到第 5 分段装填完毕后，开始装填废石。废石采用白云岩作为模拟材料，废石装填高度为 30cm。

D 实验室放矿试验结果及分析

本次放矿试验结果见表 6-32。

表 6-32　不同方案的试验结果

方　案	矿石回收率/%	岩石混入率/%	回贫差/%
1	77.25	10.88	66.37
2	79.59	9.54	70.05
3	79.75	9.27	70.48
4	78.79	8.55	70.24

从表 6-32 可以看出，当分段高度为 18m，进路间距为 20m，端壁倾角为 90°时，方案 3 优于其他方案，即步距取 4.4m，此结果与计算机模拟结果一致。这里需要指出的是，方案 2 和方案 3 试验结果相差不大，建议在现场实际生产中，步距具体取值还需要通过生产经验校正。

E　结论

（1）通过计算机模拟和物理放矿试验，对某铁矿大结构参数下端壁倾角及放矿步距进行了优化，计算机模拟结果与物理试验结果趋势一致，可以为矿山工作者提供决策依据。

（2）根据模拟结果分析，在试验范围内，不管端部倾角怎么变化，结构参数为 18m×20m×4.4m 的综合模拟结果优于其他方案的模拟结果。

（3）在假定结构参数不变的情况下，端壁倾角为 90° 的方案优于其他方案。

6.2.3　基于 SLS 系统的崩落法矿石隔离层下放矿研究

我国许多地下矿山，特别是山东省的多数黄金矿山，出于保护地表而采用充填法。此外，在矿石市场价格高的情况下，为了降低矿石损失贫化，也是采用充填法的一个重要原因。在不受"保贫"约束的现用充填法回采的富矿体，可以考虑改革为高效低耗的采矿法，现用充填法除了矿石损失贫化指标低之外，缺点多多。本节分析研究了无底柱分段崩落法矿石隔离层下放矿数值计算，并进行了计算机模拟，研究结果表明用矿石隔离层下放矿的无底柱分段崩落法可以最大限度地降低矿石贫化，既具有无底柱分段崩落法的优点，又具有充填法的优点。

6.2.3.1　隔离层下放矿的无底柱分段崩落简述

充填体下面留 20m 厚的松散矿石层，其功用是隔离充填体废石不与采场的矿石直接接触。采场崩落的矿石在隔离层矿石埋没之下全部放出，放出的矿石品位等于工业矿石品位，从原理讲矿石回收率百分之百，矿石贫化率为零。

进路分间矿石回采后，矿石隔离层随之下降（图 6-26），分段全部进路回采后矿石隔离层随之下移一个分段。矿石隔离层如此的随分间、分段回采不断下移，保护放矿时不被充填体废石贫化。只要矿石不超量（超过崩矿量）放出，矿石隔离层一定能保持完整形态下移。

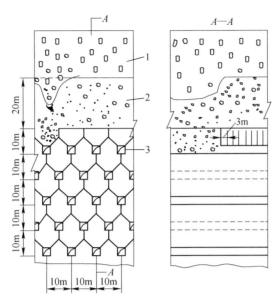

图 6-26　矿石隔离层下放矿的无底柱分段崩落法

1—充填体；2—矿石隔离层；3—回采进路

矿石隔离层的形成方法：为了减少停产时间，形成矿石隔离层的 2 个分段同时进行，上面超前，下面滞后，相差 10m。崩落的矿石仅放出碎胀部分（近 1/3），回采分段与形成隔离层的分段也同时作业，回采分段滞后，相差 10m（图6-27）。

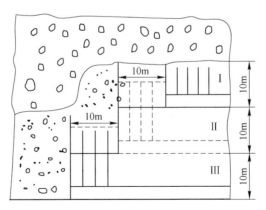

图 6-27　充填体下面 3 个分段同时作业

Ⅰ，Ⅱ—形成矿石隔离层分段；Ⅲ—回采分段

回采到最后 1~2 个分段时，回收隔离层矿石，此时可按截止品位控制放矿。所谓截止品位就是最后放出的当次矿石在经济上收支平衡（零盈利）的品位，

这个品位也是盈利额最大品位。

这种采矿法缺点是，矿石隔离层积压矿石量较多，也就是积压流动资金较大，但对比它带来的经济效益，无足轻重。这种采矿法实施后从根本上解决了充填法的 4 大问题，实现了高效低耗安全开采。

6.2.3.2　矿石隔离层（矿石垫层）下放矿数值计算

无底柱分段崩落法放矿时，放出体形态为一近似椭球体（图 6-28），并且在放出过程中，仍保持为一近似椭球体。放出体表颗粒点高度与经过该点放出体高度的比值可视为常值，这是放出体的基本性质。

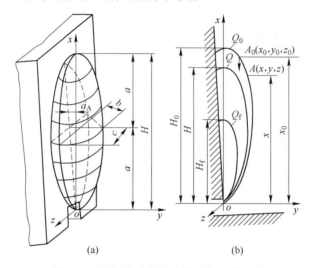

图 6-28　端部放矿的放出体形状及其移动

设移动场内某颗粒点 A_0 在放矿前的位置为（x_0，y_0，z_0），使进路端部放出矿石 Q_f 后，移动到 A（x，y，z）（图 6-28），依此类推，可以求得移动场内任意点的移动后位置。隔离层厚度按分段高度 1.5 倍（最小厚度）进行了计算，上下分段进路与 1 个步距放矿后矿石隔离层移动情况如图 6-29 所示。多条进路、多个步距及 2 个分段放矿后，矿石隔离层移动如图 6-30 所示。

由于进路间距较大，第一分段放矿后矿石隔离层上面对应进路呈堑沟状凹下，第二分段放矿后，由于进路交错布置，隔离层上面又转变为平缓。如此堑沟状表面与平缓面交替出现。在沿进路方向隔离层表面即堑沟底部，一直保持平面移动。

6.2.3.3　隔离层（矿石垫层）下放矿计算机模拟

（1）方案的选择。所选的方案参数为分段高度×进路间距×崩矿步距（1.5m×10m×1.5m）。

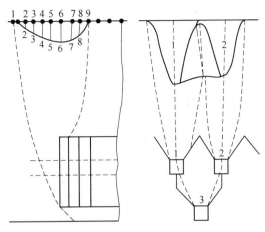

图 6-29　1 个步距、上下分段进路放矿后隔离层表面移动情况

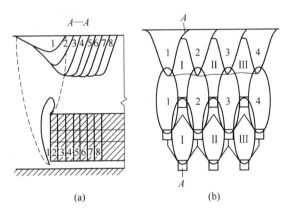

图 6-30　多条进路、多个步距和 2 个分段放矿后，隔离层移动情况

本次模拟取 4 进路、5 分段、1 步距，模块尺寸 0.5m×0.5m×0.5m，进路规格 3m（高度）×3m（宽度），当次放出量为 30 块，以视在回收率优先方式截止放矿。

（2）模拟结果。通过计算机模拟可知，在以视在回收率优先方式截止放矿的条件下，放出 75m 厚度的矿石后 20m 的矿石隔离层没有破裂，其表面一直保持一沟一平交替出现，很好地阻止了上部岩石的混入，在实际应用中，可以根据现场情况增大或减少矿石隔离层的厚度以达到最佳的回收指标。

6.2.3.4　结论

（1）SLS 系统可以用来分析研究矿石隔离层下放矿的相关问题，实践表明，SLS 系统可为我们研究放矿规律提供一种方便、快捷和科学的方法。

（2）数据计算与计算机模拟结果表明，矿石隔离层下放矿是可行的，为减小隔离层厚度允许隔离层表面一沟一平交替出现，并不破坏隔离层的作用。若使各分段放矿后隔离层一直保持平面下移，需要增大隔离层厚度许多，具体的厚度值需要视不同条件而定。

6.2.4　无底柱分段崩落法矿石损失贫化分析

6.2.4.1　结构参数与矿石损失贫化

A　概述

前文已述，对矿石损失贫化影响较大者为分段高度 H、进路间距 B、崩矿步距 L，三者之间存在联系和制约，一般所谓最佳结构参数就是三者最佳配合，任一参数不能离开另外两个而单独存在最佳值，亦即任一参数过大过小都会使矿石损失贫化变坏。

应用东北大学采矿研究所计算机模拟放矿软件和 Matlab 统计分析箱，根据模拟放矿实验结果得出矿石回收率 H_K 和岩石混入率 Y 的回归方程：

$$H_k = 89.0125 + 0.915H - 0.385B + 0.925L + 0.018HB - 0.09HL - 0.09BL$$
$$Y = 13.6375 + 1.285H + 0.965B - 0.525L + 0.002HB - 0.21HL - 0.13BL$$

可以用该回归方程分析结构参数与矿石损失贫化的关系。

步距过小，端面岩石首先混入放出矿石中，当 H、B 为 15m 时，L 应为 3 ~ 3.5m。当前生产矿山存在步距过小问题，例如采用 $H×B = 10m×10m$ 参数，有的矿山用 1.5m 崩矿步距，过小，可改用 2 ~ 2.2m 的崩矿步距，有利于降低岩石混入率。

增大进路间距 B，可增大脊部残留高度，从而增大矿石堆体高度，随之增大放出体高度。进路间距、矿石堆体与放出体三者之间的相互自动调整适应关系，可称为"自适应"，正是由于存在"自适应"关系，B 值在一定范围内变化时，矿石损失贫化却变化不大，不像其他参数变化那样敏感（图 6-31）。

$$H_K = 92.25 + 0.6H - 0.7B + 0.018HB(L = 3.5m)$$
$$Y = 11.8 + 0.55H + 0.51B + 0.002HB(L = 3.5m)$$

分段高度 H 对矿石损失影响巨大，增大 H 随之增大 B 和 L 值，增大步距崩矿量、减少辅助作业时间和出矿次数，有利降低损失贫化，提高生产能力以及降低采矿成本。

生产矿山若凿岩设备条件允许时，增大分段高度是改进结构参数和提高效益的重要途径。一般情况下在选定凿岩设备之后，便可确定 H，依 H 初步确定 B 和 L，最后按优化方法，确定最佳结构参数组。

B　最佳结构参数确定方法

结构参数确定一般原则是使最终放出体（截止放矿时放出体）与矿石堆体

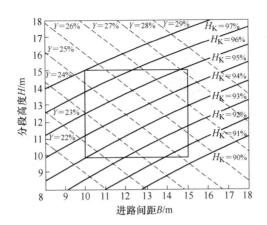

图 6-31　H、B 与 H_K、Y 的关系（$L=3.5m$）

最大吻合，可使矿石损失贫化最佳。但最终放出体大小难以确定，所以常改用纯矿石放出体，即纯矿石放出体与矿石堆体最大吻合，此时的纯矿石放出体最大，或纯矿石回收率最高：

$$纯矿石回收率 = \frac{纯矿石回收量（纯矿石放出体积）}{H \times B \times L} \times 100\%$$

最大纯矿石放出体高度可按 2 倍分段高度选取。有了放出体长半轴（a）之后，根据 $a = b\sqrt{1 - \varepsilon^2}$ 计算出短半轴（b），式中 ε 值根据工业试验确定。放矿步距（L_F）按下式求算：

$$L_F = b\cos\theta + a\sin\theta$$

式中 θ 见图 6-32，可取 $\theta=2.5° \sim 4°$。

按此方法求得的纯矿石布置如图 6-32（a）所示，为使纯矿石放出体与矿石堆体最大吻合，出现了纯矿石放出体相交。相交部分的矿石第一次被放出后，由上面矿石递补形成完整的脊部残留，以满足第二次纯矿石放出体的放出要求。依纯矿石放出体布置可确定进路间距：

$$B = 2C + 进路宽度$$

式中，C 为放出体在垂直进路方向上的短半轴，考虑生产条件，进路间距实际取值比理论值大 $1 \sim 1.5m$ 为好。

小官庄铁矿在 $H=15m$ 情况下，按该理论取 $B=15 \sim 16.5m$。

梅山铁矿根据纯矿石放出体相切确定进路间距，纯矿石放出体排列如图 6-33（a）所示，进路间距可按图 6-33（b）确定，根据图 6-33（b）求得切点位置（x，y）后，便可得出进路间距。

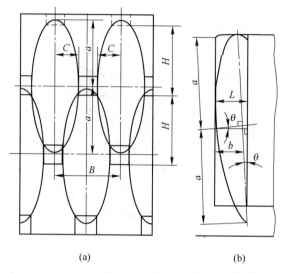

(a)   (b)

图 6-32   最大纯矿石放出体排列与放矿步距确定方法

（a）最大纯矿石放出体排列；（b）放矿步距确定方法

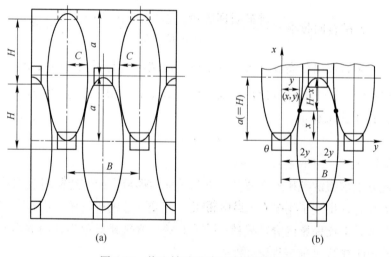

(a)   (b)

图 6-33   梅山铁矿进路间距确定方法

（a）最大纯矿石放出体排列；（b）放出体切点位置

根据放出体排列

$$x = H - x, \quad x = \frac{H}{2} = \frac{a}{2}$$

即放出体高度 $2a$ 等于 2 倍分段高度。

切点 (x, y) 之 y 值，可用椭圆方程

$$\frac{x^2}{a^2} + \frac{y^2}{c^2} = 1$$

并带入 $x = \dfrac{a}{2}$，得

$$y^2 = c^2\left(1 - \frac{x^2}{a^2}\right) = \frac{3}{4}c^2$$

$$y = \frac{\sqrt{3}}{2}c$$

进路间距

$$B = 4y = 2\sqrt{3}\,c$$

本书未详细说明这样布置纯矿石放出体与矿石堆体最大吻合的道理。

两种方法的纯矿石放出体是相同的，与矿石堆体吻合程度可以用纯矿石回收率指标权衡，按此项指标前者肯定大于后者。

两种方法共有的问题是，没有说明生产分段数对确定结构参数的影响，因为上面 4~5 分段在截止品位放矿情况下，各分段的矿石损失贫化指标均不相同，这说明各分段的矿石堆体、覆岩情况和放出体各异，在确定结构参数时应如何考虑此种情况。

梅山铁矿在 $H = 15\mathrm{m}$ 情况下取 $B = 20\mathrm{m}$，增大进路间距肯定能降低采矿成本，至于矿石回收指标如何正在试验中。此外，北洺河铁矿也是在 $H = 15\mathrm{m}$ 情况下，采用 $B = 18\mathrm{m}$，但第 3 分段设置在底板岩石中（回收分段），为了回收上面残留矿石，进路间距减少为 9m，3 个分段的平均进路间距为 16m。

上述 3 家确信各自采用的进路间距是合适的，适合各自矿体的赋存条件。

应用理论方法（计算式）确定结构参数，最大困难是实验室实验的如偏心率值和各种系数值如何应用于生产实际问题尚未解决，故必须结合生产实际进行工业试验，这样得出的试验值才是正确的、可用的。这项工作很困难，作者依据国内少数矿山资料绘出偏心率曲线（图 6-34），其中仅河北铜矿的工业试验资料有应用价值。工业试验的回收指标才是结构参数合适与否的最终判据。

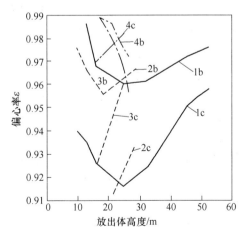

图 6-34　工业试验偏心率曲线

1—河北铜矿；2—梅山铁矿（1）；
3—梅山铁矿（2）；4—程潮铁矿

6.2.4.2 放矿方式与矿石损失贫化

无底柱分段崩落法的放矿方式可分为 3 种：一是现在普遍采用的截止品位放矿；二是无贫化放矿；三是处于两者之间的低贫化放矿，低贫化放矿应是由现行截止品位放矿向无贫化放矿的过渡形式。

A 现行截止品位放矿

现行截止品位是根据步距放矿边际品位收支平衡原则确定的，其计算式：

$$截止品位 = \frac{1t \text{ 采出矿石的采选费用}(元)}{选矿金属回收率(\%) \times 每吨精矿售价(元)} \times 100\%$$

按步距考核放矿回收指标和经济效益，是该法的基本思路，故截止品位最低和放矿贫化率最大，从而构成现行截止品位放矿的一项基本特征。此外，对任何放矿条件，停止放矿的截止品位是唯一的。

B 无贫化放矿

降低贫化率最有效的技术措施是提高放出矿石的截止品位，以至施行无贫化放矿。所谓无贫放矿，就是当矿岩界面正常到达放出口时便停止放矿，使矿岩界面保持完整性，不像截止品位放矿那样，岩石混入后还继续放出，一直使放出矿石贫化到截止品位时才停止放矿。

无贫化放矿为了判定矿岩界面是否正常到达还需要放出一定数量的岩石，为此，无贫化放矿最终还具有一定数量的岩石混入率，实验室实验为 5%，镜铁山矿工业试验为 7.64%，但这并不是无贫化放矿方式本身所要求的。

无底柱分段崩落法崩落矿岩移动空间是连续的，上面残留的矿石可于下面回收，所以可不计一条进路和一个分段的得失而应按总的矿石回收指标判定优劣。此外，回采进路上下分段成正交错布置，可将上下两个分段视为一个组合，所以放矿口间距为进路间距的一半，在崩落矿岩移动区内的矿岩界面是完全可控的，以上就是提出无贫化放矿的主要依据。

无贫化放矿开始施行阶段，特别是上面第一、第二两个分段，矿石产量锐减，这是生产矿山难以接受的，为了减小这个影响，可以实行多分段同时回采。设分段回采时间为 t，第 1 分段回采到一定距离 L 后，开始回采第 2 分段；同样当第 2 分段回采到 L 后，开始回采第 3 分段，直到同时回采的分段数达到 4 个，进入无贫化放矿正常生产阶段为止。正常生产前的最大开采长度为 $3L$，一般为 200~250m，可能不足半个分段长度，其生产时间不足 $0.5t$。镜铁山矿由生产矿段开始试验，上面分段已存在矿石残留体，同时不改变结构参数，放到第 3 分段，经过 9 个月时间，已达到正常生产，矿石产量达到原有水平。多分段同时回采方式可以消除无贫化放矿推广应用中的最大障碍，应是无贫化放矿的重要配套技术。

　　无贫化放矿同现行截止品位放矿方式比较，在矿石回收率基本相同情况下，矿石贫化率可以大幅度下降，应是最好的放矿方式。

C　低贫化放矿

　　由于各种条件的限制，不能一步到位地实行无贫化放矿。可以采用逐渐过渡的办法，随分段向下推进，逐渐提高截止品位，逐渐降低贫化率，亦即逐渐趋向无贫化放矿。可称此种放矿方式为低贫化放矿。

　　低贫化放矿是以无贫化放矿为目标，逐渐提高截止品位，截止品位不应是固定不变的。此外，与无贫化放矿相同，对只有一次性回收的矿石也要按现有截止品位放出。

6.2.4.3　多分段放矿与矿石损失贫化

A　多分段放矿的基本特征

　　多分段放矿大体分为两段，上面 4 个分段的矿石回收率各不相同，这表明各分段的矿石堆体（实质是矿石残留体）、放出体和覆岩条件（覆岩品位）各不相同，这段可称变化段。从第 5 分段开始，分段的矿石回收率变化很小，基本相同，可称此段和以下各段为稳定段，稳定段的矿石回收率可以认为是在此种结构参数条件下最大的分段矿石回收率。

　　多分段放矿的矿岩移动规律在放矿理论中很少研究，目前可以用"自适应"关系来解说这种现象。上面分段放矿时各分段的矿石堆体、放出体与覆岩情况各不相同，故各分段的矿石的回收情况也不一样。经过 4 个分段回采，使矿石堆体、放出体及覆岩品位等 3 者相互调整适应逐渐稳定下来，从而使矿石回收率也随之稳定。

　　本部分分析的多分段是指上下重叠分段。

B　多分段放矿的分段矿石回收率

　　各种不同截止放矿条件的多分段放矿实验结果列于表 6-33 和表 6-34。

表 6-33　不同截止品位放矿方案

方　案	1	2	3	4
放矿截止品位/%	35	30	25	20
放矿方式	无贫化放矿	低贫化放矿（2）	低贫化放矿（1）	现行截止品位放矿

表 6-34　不同放矿方案的回收指标　　　　（%）

放矿方案	回收指标	分　段				
		1	2	3	4	5
无贫化放矿	H_K	51.11	103.89	83.61	90.65	91.36
	Y_V	3.61	3.05	5.58	5.28	6.72

续表 6-34

放矿方案	回收指标	分段				
		1	2	3	4	5
低贫化 放矿（2）	H_K	61.61	112.11	81.58	97.28	90.45
	Y_V	12.61	11.45	14.10	12.82	12.55
低贫化 放矿（1）	H_K	66.28	113.17	85.67	95.49	90.95
	Y_V	18.57	16.47	17.74	14.45	14.68
现行截止 品位放矿	H_K	71.60	115.65	94.05	93.07	91.75
	Y_V	27.39	25.29	25.74	25.31	26.54

注：H_K 为矿石回收率；Y_V 为岩石体积混入率。

　　根据表 6-34 数据绘制图 6-35。由图 6-35 可见，前 4 个分段的矿石回收率有较大起伏变化，到第 5 个分段时进入稳定段，推断以下各分段放矿也能稳定在这个数值上，不会出现较大出入。不同放矿方案的各分段矿石回收率随放矿分段增加而相接近，到第 5 分段的分段回收率相近，平均分段回收率为 91.13%，与之最大差值为 0.66 个百分点。这表明矿石回收率仅与结构参数有关，与放矿方式基本无关。

　　C　多分段放矿的岩石混入率

　　按表 6-34 数据绘制图 6-36。由图 6-36 可以看出，各放矿方案的岩石体积混入率仅取决于放矿截止品位，截止品位高的方案岩石混入率低，反之则高。岩石混入率与放矿分段数关系不大，当然到第 4、5 分段时更接近稳定，预测以下各分段的岩石混入率也能稳定在各自的数值上。

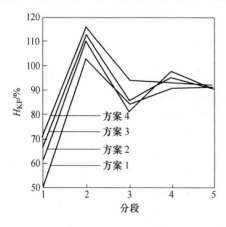

图 6-35　各放矿方案的分段
矿石回收率（H_{KF}）

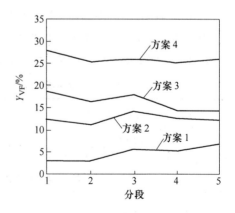

图 6-36　各放矿方案的分段岩石
体积混入率（Y_{VF}）

综合分析图 6-35 和图 6-36 表明，就总体看来，第 4 分段低贫化放矿分段回收率已经超过现行截止品位放矿；到第 5 分段时 4 种放矿方案的分段回收率基本相同，此时的矿石回收率与截止品位无关。这就是无贫化（含低贫化）放矿的理论基础。

D　矿岩混杂层的形成和回收

过去对矿石堆体和放出体的变化情况分析讨论较多，而对矿岩混杂后形成的混杂层以及混杂层对放矿的影响谈及很少，故本书对这个问题多谈一些。

a　分段放矿时的覆岩移动

分段放矿时覆岩移动情况如图 6-37 所示，直接覆盖在矿石堆体上面的覆岩层是矿岩混杂层，一部分进入放出体被放出，其中矿石当然被回收。矿岩混杂层放出数量主要取决于最终放出体大小，放出体大小也与混杂层中矿石含量有关。混杂层埋没矿石堆体，可以从进路的端部、顶部和侧面进入放出体。

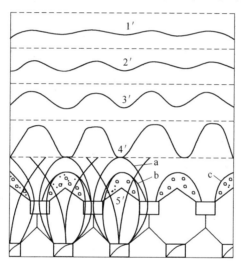

图 6-37　放出时矿石堆体上面覆岩移动情况

a—最终放出体；b—纯矿石放出体；c—脊部残留

1′~5′—不同高度的覆岩层移动前后位置

由图 6-37 可见，低于最终放出体高度的矿石堆体顶部覆岩被放出一部分，已产生破裂，最终放出体上面覆岩层虽未产生破裂，但已发生很大的凸凹不平，呈波浪状弯曲下移，这种现象向上逐渐减弱，直到等于进路间距 5~6 倍高度时，基本呈平面下移。

b　矿岩混杂层的形成和回收

第 1 分段回采后，残留一部分矿石，放出矿石原占空间由上面崩落岩石充填，即第 1 分段采后空间由残矿和岩石填满。

第 2 分段采后空间由第 1 分段残矿和岩石充填，第 1 分段充填物下移后由上面覆岩下移递补。

第 3 分段采后空间由第 2 分段充填物下移充填，充填物中含有第 1、2 分段的矿石，故第 3 分段放矿可以回收第 2 分段与第 1 分段残留矿石。

第 4 分段采后空间由第 3 分段充填物下移充填，其中含有第 3 分段的矿石残留体以及由第 2 分段、第 1 分段未被回收矿石构成的矿岩混杂层，即回收的矿石中除含有第 3 分段矿石之外，还可能回收到第 2 分段、第 1 分段的残留矿石。

第 5 分段采后空间由第 4 分段充填物下移充填，第 4 分段充填物下移后依次由上面分段覆岩递补。其回收矿石中除本分段矿石和上一分段的矿石残留体之外，还可能含有第 3、2、1 分段残留矿石。

分段依次递补关系如图 6-38 所示。设上下重叠分段数为 n，由上面分析可知，第 1 分段残矿可能有 $n-1$ 次回收机会，第 2 分段残矿有 $n-2$ 次，第 3 分段有 $n-3$ 次，……，直到最后分段矿石，仅能回收 1 次，其残矿如不采取特殊措施没有回收机会。由上面分析可知，上面分段残矿有多次回收机会，残矿回收机会少的分段在下面，因此就总体看，下面分段矿石损失应大于上面分段。

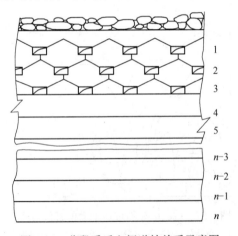

图 6-38　分段采后空间递补关系示意图

实验室实验和计算机模拟实验表明，回采到一定数量的分段之后，埋没矿石堆体的矿岩混杂层中含矿量基本稳定，这说明矿岩混杂层含矿情况不是随回采分段数增加而无限增加，增加到一定程度就基本稳定。这是由于进路间距大，采后空间并不是上面分段充填物整体下移递补，递补是以进路回采上下交错方式完成的，故下移到一定数量的分段之后，便使矿岩混杂层中含矿量稳定。

矿石回收范围可用最终放出体说明，进入最终放出体的矿石才能被回收，最终放出体高度一般小于 2.5～2.7 倍分段高度，在这个范围内的矿石（包括混杂层中矿石）才有可能被回收。最终放出体以外的矿石被充填到本分段采后空间，下分段放矿时有可能进入回收范围内而被回收。

c 矿岩混杂层中矿石回收量计算

矿岩混杂层埋没矿石堆体，在放矿时部分混入矿石中，相当于有品位的覆岩混入放出矿石中。

设低于截止品位后继续放矿，放到一定数量后，品位变化不大，此时的品位应是矿岩混杂层品位。由于混杂层中含有矿石，就是超量放矿时也不能出现纯岩石。

据采场放矿实测，矿岩混杂层品位 $C_F = 13.9\%$。

岩石品位 $C_Y = 0$，工业矿石品位 $C_K = 42\%$，采出矿石品位 $C_C = 35.7\%$，采出矿石量 $Q_C = 11000t$，工业矿石量 $Q = 12000t$。

按一般计算方法，

岩矿混入率 $Y = \dfrac{C - C_C}{C} = \dfrac{42 - 35.7}{42} = 15\%$

岩石混入量 $Q_Y = Y Q_C = 0.15 \times 11000 = 1650t$

矿石贫化率 $P = \dfrac{42 - 35.7}{42} = 15\%$

矿石回收率 $H_K = \dfrac{Q_C(1 - Y)}{Q} = \dfrac{11000 \times (1 - 0.15)}{12000} = 77.92\%$

实际混入的不是纯岩石，而是矿岩混合物 $C_F = 13.9\%$。按此计算，得

覆岩混入率 $Y = \dfrac{C - C_C}{C - C_F} = \dfrac{42 - 35.7}{42 - 13.9} = 22.42\%$

覆岩混入量 $Q_Y = Y Q_C = 0.2242 \times 11000 = 2466.2t$

矿石贫化率 $P = \dfrac{42 - 35.7}{42} = 15\%$

矿石回收率 $H_K = \dfrac{Q_C(1 - Y)}{Q} = \dfrac{11000 \times (1 - 0.2242)}{12000} = 71.12\%$

由于混入是有品位的覆岩（$C_F = 13.9\%$），在前种算法中，作为零品位处理，故将 H_K 算高了，Y 算低了。

6.2.4.4 回采边界条件与矿石损失贫化

A 第一类边界条件

第一类边界条件与崩落法放矿无限边界条件相近，此类边界条件特征是，崩落矿岩不受边界阻隔可一直随分段回采下移，如梅山铁矿和镜铁山铁矿二号矿体，前者为缓倾斜极厚矿体，后者为近似直立的极厚矿体，该类矿体有多个上下重叠分段。

此外，像小官庄铁矿也是缓倾厚矿体，但铅直厚度远不如梅山铁矿，一般仅能布置 4~5 个分段就到了矿体底板。由于上下重叠分段数量少，故它的矿石回收指标较差。

此类矿体回采在未到达最末分段之前，上面分段残留矿石在下移过程中与岩石混杂形成矿岩混杂层，覆盖于矿石堆体之上，有利于矿石的回收。当混杂层不能进入回收范围时，其中矿石也将永久损失于地下。减少矿石损失的主要技术措施是严格按设计施工，保证进路规格、间隔和方位，以及上下分段进路的正交错布置。该类矿体的矿石损失可控制在 15%以下。

当回采到最末分段即最后一次回收时，必须采用现行截止品位放矿。根据最末分段与矿体底板边界的空间关系，经过技术经济计算，在底板岩石中设置回收分段或回收进路。

B　第二类边界条件

第二类边界条件即有下盘矿石损失的矿体，下盘倾角小于 75°~78°，如图 6-39 所示。该类矿体除了最末分段有矿石损失之外，在每个分段均有下盘损失。

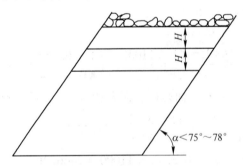

图 6-39　第二类边界条件（α<75°~78°）矿体

C　减少第二类边界条件下盘损失措施

减少下盘矿石损失常用的技术措施是，回采工作继续向下盘推进，开掘一定数量的下盘岩石（图 6-40）。根据放出矿石的掘进、崩矿、出矿、井下运输、提升、地面运输和选矿等的费用，以及放出矿石经过选矿加工后售出精矿所得的收入，求算经济上最佳的下盘开掘高度。

以某矿计算实例说明技术经济计算原则和方法。结构参数 $H \times B \times L = 10\mathrm{m} \times 10\mathrm{m} \times 2.2\mathrm{m}$，放矿截止品位为 18%。根据模型放矿实验得出各种开掘高度 H_Y（或下盘岩石开掘长度 L_Y）的放出矿岩量（图 6-41）。

按最大盈利额原则，即 $R = S - F \rightarrow \max$ 确定下盘岩石最佳开掘高度，式中 R 为开掘下盘岩石回采的盈利总额；S 为放出矿石经选矿加工成精矿售出的总收入；F 为采出矿岩支出的总费用（包括选矿）。依该原则确定的下盘开掘高度（或长度）如图 6-42 所示。

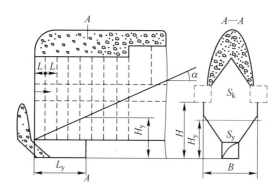

图 6-40　进路回采继续推进开掘下盘岩石

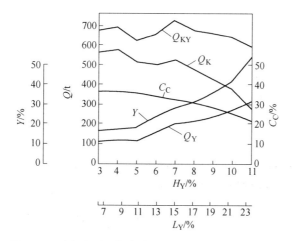

图 6-41　下盘岩石开掘高度（H_Y）与放出矿岩量关系

Q_K—放出矿石量；Q_Y—放出岩石量；Q_{KY}—放出矿岩量

由图 6-42 看出最佳开掘高度为 10.2m，或最佳开掘长度为 21.9m。上述计算中的金额是累计的总额，其特点是比较直观地反映出每条进路开掘下盘岩石的盈利情况。

计算中也可使用以步距为计算单元，计算各种开掘高度的盈利情况。求得收支平衡点（零盈利点）A（图 6-43），即 $S_0 = F_0$，式中 S_0 为对应开掘高度的售出收入；F_0 为对应开掘高度的支出费用；R_0 为对应开掘高度的盈利额（$R_0 = S_0 - F_0$）。

由图 6-43 看出，若不到 A 点停止开掘时，是在有利可取条件下停止回采的，因此所得盈利不是最大的。反之，过了 A 点继续回采时，将产生亏损，亦即将以前已经得到的盈利亏损掉一部分，当然此时的盈利也不是最大的。由此可知，只有开掘到 A 处所得的盈利总额才是最大的。图中曲线下面的面积是盈利总额，只

有 $R_0 = 0$（$S_0 = F_0$）时曲线下面积最大。图 6-43 中 $R_0 = 0$ 的位置就是图 6-42 中 $R \rightarrow max$ 位置，两种方法求算的最佳开掘高度是一致的，同为 10.2m。

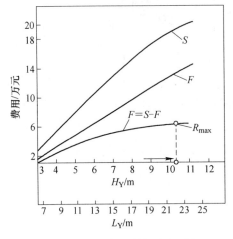 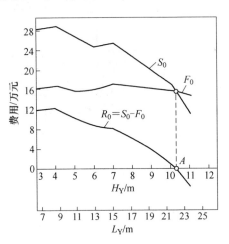

图 6-42　按最大盈利额确定下盘　　　　图 6-43　按收支平衡点确定最佳
　岩石最佳开掘高度（或长度）　　　　　　　开掘高度（或长度）

D　第二类矿体的放矿管理

如图 6-44 所示，分段水平由下盘侧向上盘侧分析可见，由于赋存部位不同，其回收条件（重叠分段数）也不相同。

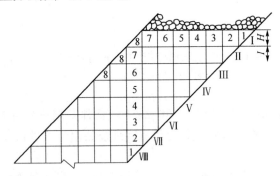

图 6-44　对矿块内各部位矿石回收条件的分析

下盘三角块 1 矿石位于下盘残留区，只有一次回收机会；方块 2 矿石除本分段回收之外，残留矿石于下分段还有一次回收机会；方块 3 有 3 次回收机会，方块 4 有 4 次回收机会，……，上盘三角块 8 矿石有 7~8 次回收机会。

由上面分析可知，对具有不同回收机会的矿石，在放矿管理方面，可以采取不同的放矿方式，对具有多次回收机会的矿石可以采用较高的停止放矿品位（无贫化放矿与低贫化放矿），以增加出矿品位，而对下盘三角块（及上一分段的方块）必须采用现行截止品位放矿。亦即从上盘向下盘回采时，针对下面情况可以采用不同的控制停止放矿的截止品位，而当进入下盘残留区（或进入之前一定距离）一定采用现行截止品位放矿。在有倾角的厚矿体垂直走向布置进路的情况下，除了进入下盘残留区部分和上一分段对应部分采用现行截止品位放矿之外，其余部分可一律采用无贫化放矿。采用上述放矿方式，可以在矿石回收率不降低情况下，较大地提高放出矿石品位，增大经济效益。

6.2.4.5 矿石损失贫化综合分析方法

无底柱分段崩落法在我国地下矿山广泛应用，特别是铁矿山约有 80%~85% 的铁矿石是用该法采出的，矿石损失率为 20%~25%，贫化率为 20%~30%。

损失率是工业矿石数量的损失程度，贫化率是工业矿石质量（品位）的损失程度，两者同是在矿石回采过程中发生的，两者有区别但又有联系和制约。在实际工作中损失与贫化常有此起彼伏现象，为了减少损失，常伴随产生增大贫化的结果，反之降低贫化，常以增大损失为代价。为此，必须同时考核损失贫化指标，进行综合分析，把两者综合成一个指标，根据不同情况可用报销工业储量金属回收率或者用报销工业储量的经济效益指标。

A 工业储量金属回收率

回采矿石归根结底的目的是提取其中金属。在采矿过程中，从矿石中回收的金属量与相应报销工业储量中原含有金属量的比率即是工业储量金属回收率。例如矿山最终产品为精矿。

工业储量金属回收率

$$H_{ZJ} = \frac{Q_J C_J}{Q C} \times 100\%$$

式中，Q 为报销工业储量，t；C 为工业矿石品位，%；Q_J 为精矿量，t；C_J 为精矿品位，%。

$$H_{ZJ} = \frac{Q_J C_J}{Q C} = H_K = \frac{C_J(C_C - C_W)}{C_C(C_J - C_W)} \times 100\%$$

式中，H_K 为矿石回收率；C_C 为采出矿石品位，即入选品位；C_W 为尾矿品位。

由上式看出，报销工业储量金属回收率（当 $C_Y = 0$ 时）等于矿石回收率和选矿金属回收率两者之积，它综合表达了采矿和选矿过程的金属回收情况，因此，可作为参比时判别优劣的一项指标。

B 报销单位工业储量盈利额

用 H_{ZJ} 不能完全判别优劣时，便可用单位工业储量盈利额 A 判断，A 的包容性最大。

$$A = \frac{H_K}{1 - Y} \left[\frac{C(1 - Y) - C_W}{C_J - C_W} M_J - F_2 \right] - F_1$$

$C_Y = 0$，以 $A \to$ 最大为优。

式中，M_J 为精矿售价，元/t；Y 为岩石混入率，在 $C_Y = 0$ 时，$Y = P$，P 为矿石贫化率；F_1 为采场放矿前已付出费用每吨工业储量摊销额，元；F_2 为采场放矿和放矿以后的费用每吨采出矿石摊销额，元。

也可以按矿石损失贫化和尾矿造成的经济损失 S 计算，以 $S \to$ 最小为好。按 A 最大和 S 最小计算结果是一致的。有时根据分析需要，分别计算矿石损失和矿石贫化各自所造成的经济损失。由矿石损失造成的经济损失，每吨工业储量摊销额

$$S_S = (1 - H_K) \left(\frac{C - C_W}{C_J - C_W} M_J - F_2 \right) \quad (C_Y = 0)$$

由矿石贫化造成的经济损失，每吨储量摊销额

$$S_P = \frac{H_K Y}{1 - Y} \left(\frac{C_W - M_J}{C_J(1 - C_W)} + F_Y \right) \quad (C_Y = 0)$$

式中，F_Y 为每吨岩石的采选费用，元。

矿石贫化使精矿产量减少，从而使矿山盈利亦随之减少。

降低矿石损失贫化能提高工业储量金属回收率以及增大单位储量盈利额。

6.3　VFMS 在结构参数与矿石回收指标关系研究中的应用

无底柱分段崩落法具有生产能力大、结构简单、机械化程度高以及生产作业安全等优点，应用范围十分广泛。长期以来，由于采矿设备的限制，我国的无底柱分段崩落法采用的结构参数偏小，采切比过高致使生产成本居高不下，而生产能力也无法得到有效提高，严重制约了我国无底柱分段崩落法的发展。通常情况下，对矿石损失贫化影响较大的结构参数包括分段高度、进路间距和崩矿步距，三者是互相联系和互相制约的。因此，设计高效合理的结构参数具有十分重要的意义。

VFMS 可以模拟当前放矿研究的各种问题，包括结构参数与回收指标的关系、放矿方式与回收指标的关系和特殊结构等方面。

6.3.1　第一种算法放矿试验模拟

6.3.1.1　放矿方案选择

本次模拟共四个方案，见表 6-35。其他参数：进路宽度（b）4m，进路高度（h）3m，散体粒径尺寸比例：粒径 0~40cm 占 40%，粒径 40~60cm 占 40%，粒

径 60~80cm 占 20%。当次放出量 4m³，实验分段数 3 个，每个分段进路数 4 条，截止放矿体积岩石混入率参考式（6-3）取 70%，每种结构参数的矿石回收指标是 3 个分段放矿实验的平均值。

利用 SLS 系统进行放矿仿真，方案参数同上，步距取 3m，仿真结果见表 6-36。

表 6-35 VFMS 系统放矿实验方案和实验结果

方　案	分段高度 H/m	进路间距 B/m	矿石回收率 $H_k/\%$	岩石混入率 $Y/\%$
1	10	10	75.8	6.4
2	10	15	65.2	6.6
3	15	10	76	4
4	15	15	67	5.8

表 6-36 SLS 系统放矿实验方案和实验结果

方案	分段高度 H/m	进路间距 B/m	步　距 L/m	矿石回收率 $H_k/\%$	岩石混入率 $Y/\%$
1	10	10	3	93.4	24.5
3	10	15	3	91.2	27.6
5	15	10	3	97.7	28
7	15	15	3	95.6	30.9

6.3.1.2 放矿仿真结果分析

图 6-45~图 6-48 是方案 1、方案 2、方案 3 和方案 4 放矿结束后矿岩混杂情况，回收指标列于表 6-35 上。

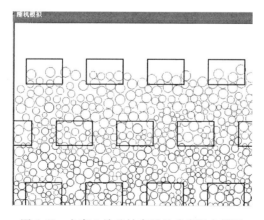

图 6-45 方案 1 放矿结束后的矿岩混杂情况

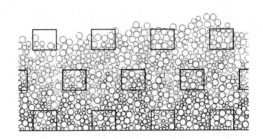

图 6-46   方案 2 放矿结束后矿岩混杂情况

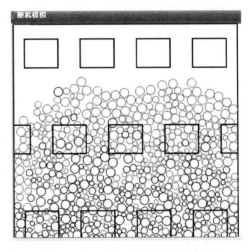

图 6-47   方案 3 放矿结束后矿岩混杂情况

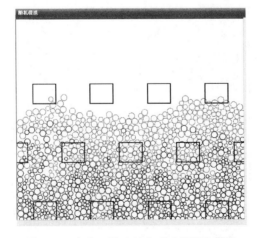

图 6-48   方案 4 放矿结束后矿岩混杂情况

根据表 6-35 和表 6-36 中的数据生成结构参数与回收指标关系图（图 6-49）。

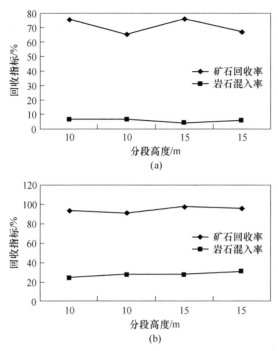

图 6-49 结构参数与回收指标的关系

（a）VFMS；（b）SLS

从图 6-49 可以得出如下结论：

（1）忽略步距影响，当分段高度一定时，增加进路间距将降低矿石回收率。

（2）忽略步距影响，当进路间距一定时，增加分段高度将增加矿石回收率。

岩石混入率在四个方案模拟中没有太大的变化，可以进一步说明步距对岩石混入率有较大的影响，这些结论与 SLS 系统仿真实验的相关结论一致。

VFMS 系统应用研究表明该系统可以模拟放矿散体移动，得出的结论可靠，体现了"大者恒大"的规律，随着 VFMS 方法的进一步改进和计算机速度的进一步提升，可以开发出快速运行的三维放矿仿真系统，这必将推动放矿随机仿真研究的进程。

6.3.2 第二种算法放矿试验模拟

6.3.2.1 模拟放矿方案选择

本次实验选取了分段高度和进路间距两个因素，共设计九组实验，对放矿过程进行仿真模拟，以达到获得最优结构参数的目的。具体的实验方案及实验结果见表 6-37。

本次模拟采用参数如下：分段个数 2 个，进路个数 2 个，岩石层厚 10m，单位体积岩石混入率 33%，进路尺寸 3×3m，粒径大小采用高斯分布，半径 0~30cm 占 30%，30~40cm 占 40%，40~50cm 占 30%。由于第一个分段为不正常分段，因此，统计数据以第二分段为准。

表 6-37　实验方案及实验结果

方　案	进路间距/m	分段高度/m	矿石回收率/%	废石混入率/%
1	13	10	40.1	3.0
2	13	14	43.8	3.4
3	13	18	41.6	3.5
4	16	10	44.6	2.9
5	16	14	49.1	1.8
6	16	18	46.0	1.6
7	19	10	42.4	2.1
8	19	14	43.4	0.7
9	19	18	40.0	1.7

6.3.2.2　模拟结果分析

图 6-50 为放矿过程图。图 6-51 为各方案结束时矿岩混杂情况。

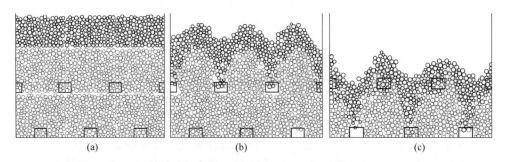

图 6-50　放矿过程图

（a）初始生成阶段图；（b）第一分段放矿结束图；（c）第二分段放矿结束图

根据模拟得到的实验结果，利用 Matlab 建立 1 个分段高度和进路间距两个因素与矿石回收率的回归方程。回收率回归方程为：

$$\varphi = 2.25H + 3.74B + 0.02BH - 0.09\,H^2 - 0.13\,B^2 \tag{6-4}$$

利用该回归方程预估各种参数条件下的矿石回收率，说明矿石回收率与分段高度和进路间距的变化关系。当分段高度一定时，即可分析进路间距对矿石回收率的影响，如图 6-52（c）所示。对比文献室内放矿实验和 PFC 数值模拟结果如图 6-52（a）和（b）所示。当进路间距一定时，则如图 6-53 所示。

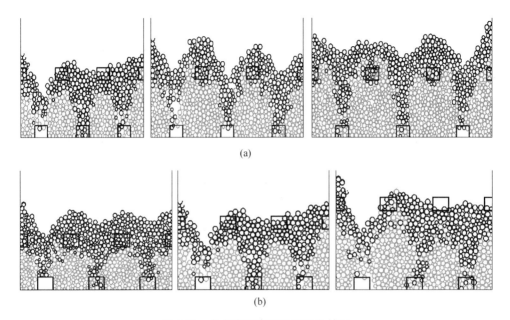

图 6-51　各方案结束时矿岩混杂情况

（a）进路间距一定时，增加分段高度时矿岩混杂情况；

（b）分段高度一定时，增加近路间距时矿岩混杂情况

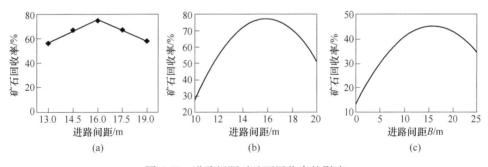

图 6-52　进路间距对矿石回收率的影响

（a）物理实验；（b）PFC 数值模拟；（c）设计方案模拟

根据实验数据分析，可以得到以下结论：

（1）当分段高度一定时，进路间距对矿石回收率的影响基本呈现二次曲线的变化关系，且呈先增大再减小的变化趋势。

（2）当进路间距一定时，分段高度对矿石回收率的影响基本呈现二次曲线的变化关系，且呈先增大再减小的变化趋势。

（3）在本实验设计的参数下，分段高度 14m，进路间距 16m 的情况下，矿石的回收率最高。

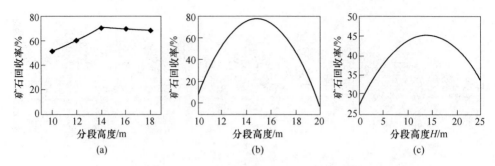

图 6-53　分段高度对矿石回收率的影响

（a）物理实验；（b）PFC 数值模拟；（c）设计方案模拟

（4）本研究得到的结论与相关参考文献研究所得结论基本一致，这表明本研究可以是合理的。

第7章 散体流动仿真系统在地表沉降模拟方面的应用

散体流动理论不仅在崩落法放矿的研究中取得了很大进展，其在爆破仿真模拟以及地表沉降模拟等方面也取得了不错的成绩，本章就散体流动仿真系统在地表沉降模拟方面的应用进行详细的讨论。

7.1 GSS 系统在某铁矿的应用

本次模拟针对某铁矿采空区对地表的影响范围，模型尺寸主要参考 7 号勘探线中的采空区范围。

7.1.1 某铁矿概况

某铁矿位于黑龙江省境内，矿山主要的采矿方法为采用上向分层全尾砂胶结充填采矿法。矿山总生产规模为每年 50 万吨，其中北矿区每年 17 万吨；南矿区每年 33 万吨。

某铁路于北矿区和南矿区之间穿过，在某铁路下方 1~4 勘探线的 I 号矿体留设为永久保安矿柱没有被开采，5~10 勘探线间的矿体均在铁路的东侧，出露地表 V 号矿体最近距离铁路路基边坡为 38m，同时对铁路东侧的公路按距公路边沟外缘 20m 的保护带宽度留设公路保安矿柱。该矿南矿区不属于铁路下采矿，而是在铁路线一侧，留有保安矿柱外进行采矿回收铁矿资源的。为加强对铁路的保护，保安矿柱留设在铁路东侧的公路边沟外缘 20m 对公路进行安全保护，符合原来的三下采矿技术规范。

但是，根据 2004 年 12 月 27 日中华人民共和国国务院令第 430 号《铁路运输安全保护条例》第十八条规定，在铁路线路两侧路堤坡脚、路堑坡顶、铁路桥梁外侧起各 1000m 范围内，及在铁路隧道上方中心线两侧各 1000m 范围内，禁止从事采矿、采石及爆破作业。

针对该铁矿开采到底能否对铁路产生影响这一问题，可以从现有的采空区进行仿真模拟，确定地表沉降范围，由此可以推断继续开采对地表的影响。

7.1.2 仿真模型建立及地表沉降模拟实验

分别利用力学分析软件 Comsol Multiphysics 和 GSS 系统进行模拟实验，并给出结论。

　　该铁矿 7 号勘探线剖面图见图 7-1，由图上可得采空区 1 距离公路最近距离是 32m，距离铁路是 128m，根据剖面图中的数据，建立图 7-2 模型，以铁路中线为坐标原点建立图 7-2 中的坐标系，采空区 1 四个顶点的坐标依次是（128，37）、（135，31）、（161，66）、（153，72），采空区 2 四个顶点坐标依次是（177，100）、（184，96）、（203，124）、（197，128），以此为基础建立地表沉降仿真系统的模型见图 7-3，GSS 系统运行结果和统计数据见图 7-4 和图 7-5；Comsol Multiphysics 模拟结果见图 7-6 和图 7-7。

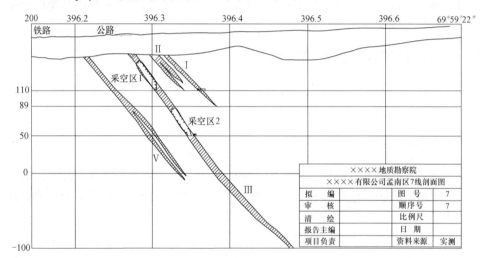

图 7-1　7 线剖面图

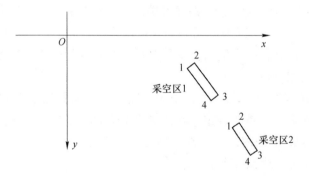

图 7-2　采空区模型

　　从图 7-5 和统计数据中可以得出，在理想状态下，即采空区完全被压实，并且其上岩层均离散化，采空区 1 和采空区 2 引起地表沉降的最大深度为 16m，发生在 152m 处，引起地表的移动范围是 128～258m（长度共 130m），两个采空区

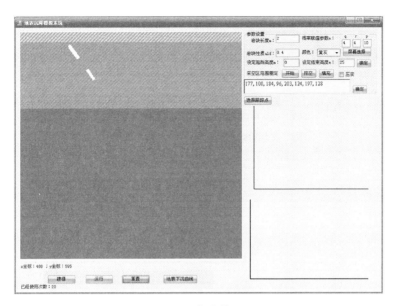

图 7-3 仿真模型

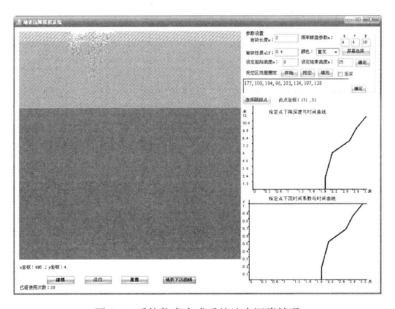

图 7-4 系统仿真完成后的地表沉降情况

完全被压实并且地表沉降结束需要的时间是 16.7 个月。

从图 7-6 和图 7-7 可以得出：考虑最不利开采情况下的铁路、公路处的沉降均小于规范容许值，说明移动滑移线下侧的矿体全部开挖，不会影响地表公路、

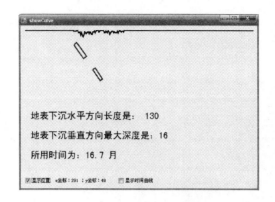

图 7-5　地表沉降曲线及数据统计

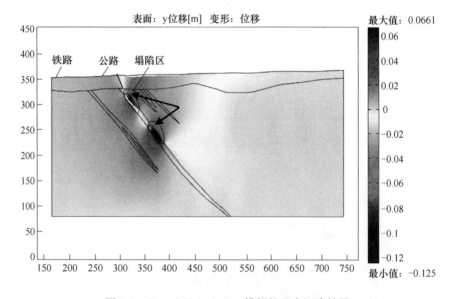

图 7-6　Comsol Multiphysics 模拟的地表沉降结果

铁路的正常运营，保证了施工的安全性。

　　将 GSS 系统模拟的结果标注在图 7-2 上得到图 7-8。

　　从图 7-8 可以看出，考虑采空区完全被压实、采空区顶板及地表之间的岩层完全离散的极端情况下，采空区引起的地表下沉范围仍然波及不到公路边界，说明采空区引起的地表沉降对公路和铁路的安全性没有影响。这进一步说明采空区下部和远离公路方向的矿体全部开采，其形成的采空区不会影响地表公路、铁路的正常运营，保证了开采的安全性，这与力学分析软件 Comsol Multiphysics 模拟的结果一致。

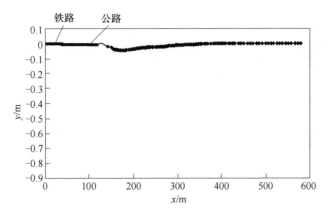

图 7-7 Comsol Multiphysics 模拟的地表沉降曲线

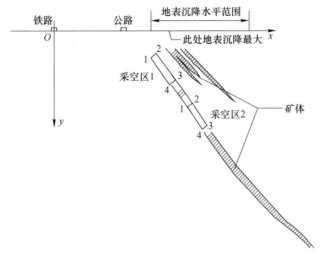

图 7-8 地表沉降范围图

7.2 GSS 系统在某金矿的应用

7.2.1 某金矿研究背景简介

某金矿七号矿区-350m 水平以上的采矿方法为上向水平分层干式充填采矿方法，矿山使用多年来的实践表明，该方法适应矿体开采技术条件，可在厚度小于 15m 的采场继续应用，但对于某些厚大矿体，该方法局限性较大。由于矿体赋存条件变化，同时为提高产量，-371m 以下矿体采用无底柱分段崩落法进行开采，即按低贫损分段崩落法开采第十六中段矿体，首采段取在-363m 水平。

无底柱分段崩落法使用的首要条件是地表允许塌落，是以崩落围岩来实现地压管理的采矿方法。一般地讲，崩落法对矿体赋存条件、矿岩的物理力学性质等都具有比较广泛的适应范围。因夏甸金矿-350m 水平以下采用无底柱分段崩落法，随着开采的推进，必然会造成上部的围岩崩落，而形成采空区，继而会影响到矿山地表。采空区的范围多大以及采空区随着生产的进行扩展情况如何，成为企业关注的一个重要问题，因此研究其岩层的变形和破坏规律、岩层移动规律、地表沉降规律，从而对该金矿开采过程空区变化进行预测是十分重要和十分必要的。

根据该金矿的实际情况，利用 FLAC³ᴰ 和地表沉降计算机模拟系统进行计算机模拟研究。

7.2.2　基于 FLAC³ᴰ 的数值模拟分析

7.2.2.1　计算模型

根据该金矿实际情况，适当简化后，建立数值模型如图 7-9 所示，其中 x 方向长 1600m，y 方向长 765m，z 方向长 450m。为便于计算，模型简化为准三维情况，即不考虑断面形状和尺寸在矿体走向（y 方向）上的变化。计算采用 FLAC 数值模拟软件，共划分单元 146200 个。由于研究区域埋深较浅，不考虑构造应力的影响，在模型上表面施加 6MPa 的垂向应力以模拟上覆岩体的自重，对模型的四周及下边界施加位移约束。

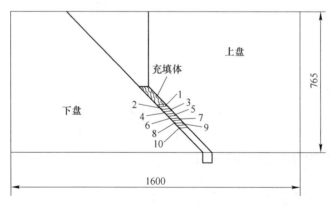

图 7-9　FLAC³ᴰ 数值分析模型

通过现场调查，模型范围内岩性比较简单，可分为围岩和矿体两类，矿体上下盘围岩均为斑岩。根据室内岩石力学实验，并由相应的岩体力学参数的工程处理，得到研究范围内围岩的弹性模量为 12.5GPa，泊松比 0.20，黏聚力 1.8MPa，内摩擦角 48°，抗拉强度 0.95MPa；矿体弹性模量 5.5GPa，泊松比

0.22，黏聚力1.4MPa，内摩擦角42°，抗拉强度0.75MPa；围岩和矿体密度统一取2750kg/m³。采用Morh-Coulomb准则，充填体选用弹性模型，弹性模量为矿体的0.2倍。

7.2.2.2　模拟结果

图7-10为充填后最小主应力云图。

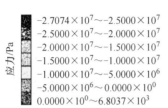

图7-10　充填后最小主应力云图

由图7-10可见，应力调整后，采空区上方受应力降低区所控制，应力主要集中区域为矿体上盘的下拐角处，应力值达到初始应力的3倍以上。从应力调整的范围来看，主要集中于矿体跨度两倍范围内的围岩，除上盘的应力降低区有较明显的发展外，对周边岩体的影响不明显。

图7-11为回采后最小主应力云图。由图7-11可见，回采后，矿体上盘的下拐角处存在高应力集中现象，应力值达25MPa以上，从顶板至下盘的一定范围内，受到一个应力降低区的控制，但在矿体的上盘，受回采的扰动并不明显。

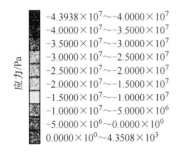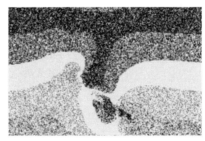

图7-11　回采后最小主应力云图

在回采完成后，由于上部空区的存在，采空区的顶板及上盘中部以上处于应力降低区的范围内，矿体下盘一定范围内拉应力集中，但应力值较小，矿体的主要载荷由矿体的下拐角承担，并且应力集中程度随回采的进行而持续增长，达 40MPa 以上。

图 7-12 为垂向位移云图，可以看出：回采后，最大位移主要集中于地表的一侧和矿体的上盘，最大位移量超过 0.225m。随着回采的进行，矿体上盘的下沉区与地表的沉降区贯通，位移的矢量表现为指向采空区的中部。回采完成后，地表的最大沉降量达 0.25m，较回采前增长了 2.5cm，可见，地下开采对地表的垂向位移影响较小。从位移的影响范围来看，受采动影响的主要区域集中于矿体上盘的一侧，回采完成后，地表位移的范围保持稳定。矿体下沉的区域主要集中于上盘顶部。

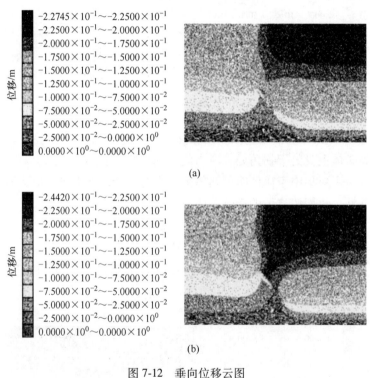

图 7-12　垂向位移云图
(a) 回采前；(b) 回采后

7.2.3　某金矿地表沉降计算机模拟

7.2.3.1　模拟方案选择

由现场各分段开采平面图可以得到空区关键位置坐标，见表 7-1。所选的方案参数详见表 7-2。

表 7-1　空区关键位置坐标

x	y	x	y
398	−478	361	−595
364	−517	398	−585
329	−557	410	−557
326	−585	427	−517
285	−595	455	−478

表 7-2　计算机模拟方案参数

方　案	方案 1	方案 2	方案 3	方案 4	方案 5
松散系数	1.1	1.2	1.3	1.4	1.5

7.2.3.2　模拟结果分析

各方案的模拟结果（理论情况）见图 7-13。由图 7-13（a）可见，松散系数为 1.1 时，地表沉降明显。由图 7-13（b）可见，松散系数为 1.2 时，地表有沉降。由图 7-13（c）可见，松散系数为 1.3 时，地表无沉降，沉降的最高位置为 −130m 处。由图 7-13（d）可见，松散系数为 1.4 时，地表无沉降，沉降的最高位置为 −217m 处。由图 7-13（e）可见，松散系数为 1.5 时，地表无沉降，沉降的最高位置为 −273m 处。由于现场地质条件复杂，很难唯一确定矿岩的松散系数。

图 7-13 只给出了松散系数为 1.1~1.5 时的地表沉降情况，现场还需要经过实地监测、物理实验等内容进行进一步的研究，以更有效地预测井下开采对表沉降的影响。

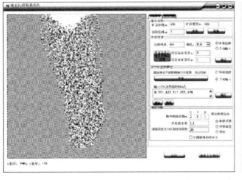

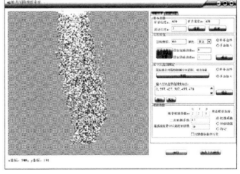

　　　　　　　（a）　　　　　　　　　　　　　　　　　　　（b）

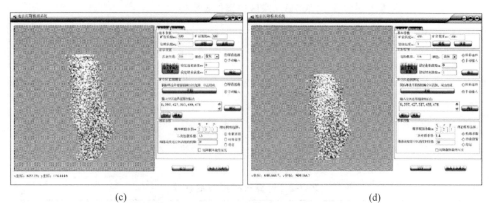

(c)　　　　　　　　　　　　　　　　(d)

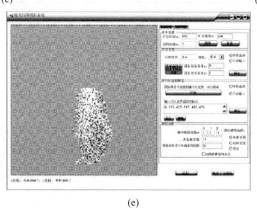

(e)

图 7-13　模拟结果

(a) 松散系数为 1.1；(b) 松散系数为 1.2；(c) 松散系数为 1.3；
(d) 松散系数为 1.4；(e) 松散系数为 1.5

后　记

2016 年 11 月，国土资源部发布《全国矿产资源规划（2016—2020年）》，明确提出"十三五"期间大力推进"互联网+矿业"发展，加强行业标准化建设，加快建设智慧矿山，促进企业组织结构和管理模式变革，加快传统矿业转型升级。着实，作为矿业大国，我国金属矿业的整体水平仍落后于矿业发达国家，还大量存在开采方式落后导致的资源浪费、环境破坏等问题，矿业技术水平提升缓慢，装备研发能力不强，市场竞争力弱。其中作为钢铁行业最为重要的原料保障，铁矿行业的发展具有极为重要的作用。但是当前国内重点统计铁矿平均生产成本在 80 美元/吨左右，为国际铁矿巨头生产成本的近 2~3 倍，重点露天、地下铁矿企业从业人员劳动率分别为 29842.91 吨/（人·年）、2546.36 吨/（人·年），与国外矿山相比仍具有较大差距。此外，国内矿开采所引起的环境问题也亟待解决。而随着国内铁矿山逐步转入深部开采，对于开采的高效化、绿色化以及安全化等要求更高。未来矿业企业，需要将满足"安全生产、环境保护、资源利用、企业效益"四个方面的要求基础上，实现动态均衡协调发展的理念贯彻到生产经营过程的每个环节。因此，有效提升科技含量，集约资源开发，减少环境污染，促进人与自然和谐可持续发展，加快智慧矿山建设，是我国矿业未来发展至关重要的方向。

自 2006 年以来，我们一直从事数字矿山建设、绿色矿山开采新理论、新技术、新工艺以及信息技术在矿山中的应用理论研究和工程推广研究工作。特别是在矿岩散体流动理论与仿真模型研究方面，取得了一些研究成果，其中 SLS 系统研发得到了刘兴国教授的全程技术支持，并将其多年的研究成果加入到该系统中，使该系统在崩落法放矿仿真方面得到充分应用，效果良好。由于九块模型天生缺陷，是 SLS

系统发展受到了制约，针对这种情况，我们吸收离散元思想，将散体移动力学判据和随机移动相结合，建立散体流动时空演化模型和颗粒流动模型，开发相应的仿真软件，并通过实践应用不断地修正仿真模型。我们相信，通过不断的努力，一定会探索出散体流动本质规律，完善散体流动时空演化理论，建立散体流动力学与随机耦合仿真模型，开发高效的三维及多维仿真系统，推动散体流动理论研究不断向前发展。同时，随着计算机网络的高速发展，今后将把研制的仿真系统网络化、信息化、智能化，实现在线仿真、智能优化、在线交流等功能，为智慧矿山建设奉献自己的力量。

在前期研究的基础上，将开展爆破散体流动过程仿真方面的研究工作，近期拟进行以下四方面的研究：爆破散体流动仿真方面的研究；现场露天爆破散体运行轨迹监测与控制爆堆形态实验研究；爆破散体随机移动机理与规律探索，提出九格法随机移动模型，九格法随机移动模型概率分布研究；爆破散体抛掷高度与初始速度关系模型研究等。

本书是我们多年的研究成果阶段性总结，成书目的是和同行进行相互交流和学习。相信在广大科研工作者的努力下，散体流动理论将会取得更大的进展。因时间仓促和作者研究水平，本书尚有很多不完善的地方，希望同行不吝赐教，提出宝贵意见和建议，我将再接再厉，克服困难，锐意进取，在矿山信息化、智能化、自动化方向砥砺前行，百尺竿头，更进一步。

参 考 文 献

［1］ 吴爱祥. 振动场中矿岩散体特性与动力学理论研究［D］. 长沙：中南工业大学，1991，1～10.

［2］ 刘兴国. 放矿理论基础［M］. 北京：冶金工业出版社，1995：13～40.

［3］ David J. Computer simulation of the movement of ore and waste in an underground mining pillar［J］. The Canadian Mining and Metallurgical，1968，67（2）：854～859.

［4］ 杨洋，唐寿高. 颗粒流的离散元法模拟及其进展［J］. 中国粉体技术，2006，5：38～42.

［5］ Cundall P A. A computer model for simulating progressive large scale movements in blocky system［J］. In：Muller Led，ed. Proc Symp Int Soc Rock Mechanics. Rotterdam：Balkama A A，1971，1：8～12.

［6］ Strack O D L，Cundall P A. The distinct element method as a tool for research in granular media［J］. Part Ⅰ. Report to the National Science Foundation，Minnesota：University of Minnesota，1978.

［7］ Cundall P A，Strack O D L. The distinct element method as a tool for research in granular media［J］. Part Ⅱ. Report to the National Science Foundation，Minnesota：University of Minnesota，1979.

［8］ Cundall P A，Strack O D L. A discrete numerical model for granular assembles［J］. Geotechnique，1979，29（1）：47～65.

［9］ Walton O R. Particle dynamics modeling of geological materials［R］. 1980，Lawrence Livermore Mathional Lab. Report UCRL-52915.

［10］ Campbell C S，Brennen C E. Computer simulation of granular shear flows［J］. J Fluid Mech，1985，151：167～188.

［11］ Campbell C S，Brennen C E. Chute flows of granular materials：some computer simulations［J］. J Appl Mech，1985，52：172～178.

［12］ Radjai F，Jean M，Moreau J J，Roux S. Force distributions in dense two-dimensional granular systems［J］. Physical Review Letters，1996，77（2）：247～277.

［13］ Moreau J J，Jean Michel. Numerical treatment of contact and friction：the contact dynamics method［J］. Asme. Petroleum Division，1996，76（4）：201～208.

［14］ Oda M. Mechanics of Granular Materials［J］. An introduction. Rotterdam：Balkema A A，1999，147～223.

［15］ Biarrez J，Gourves R，eds. Powders and Grains，Proc. of an Int Conf on Micromechanics of Granular Media［J］. Rotterdam：Balkema A A，1989.

［16］ Thornton C，eds. Powders & Grains'93，Proc of 2nd Int Conf on Micromechanics of Granular Media［J］. Rotterdam：Balkema A A，1993.

［17］ Behringer R P，Jenkins J T，eds. Powers & Grains '97，Proc of 3th Int Conf on Micromechanics of Granular Media［J］. Rotterdam：Balkema A A，1997.

［18］ Kishino Y，eds. Powders and Grains 2001，Proc of 4th Int conf on Micromethanics of Granular Media［J］. Rotterdam：Balkema A A，2001.

[19] 王泳嘉. 离散元法——一种适用于节理岩石力学分析的数值方法 [J]. 第一届全国岩石力学数值计算及模型试验讨论会文集, 1986: 32~37.

[20] 王泳嘉, 邢纪波. 离散元法及其在岩土力学中的应用 [M]. 辽宁: 东北工学院出版社, 1991: 60~89.

[21] 邢纪波, 王泳嘉. 离散元法的改进及其在颗粒介质研究中的应用 [J]. 岩土工程学报, 1990, 12 (5): 51~57.

[22] 邢纪波, 王泳嘉. 崩落采矿法放矿的离散元仿真 [J]. 东北工学院学报, 1988, 2: 148~153.

[23] 王泳嘉, 刘兴国, 邢纪波. 离散元法在崩落法放矿中应用的研究 [J]. 有色金属, 1987, 5: 20~26

[24] 张向东, 常春, 王泳嘉. 连续开采下上覆岩层移动的离散元模拟 [J]. 山西矿业学院学报, 1997, 3: 20~26.

[25] 李一帆, 张建明. 某铜矿采空区稳定性的离散元数值模拟 [J]. 铜业工程, 2006, 1: 23~26.

[26] 刁心宏, 刘峰, 习小华. 采空区对公路路基稳定性影响的离散元法分析 [J]. 路基工程, 2006, 6: 91~93.

[27] 郑榕明, 陈文胜, 葛修润, 冯夏庭. 金山店铁矿地下开采引起地表变形规律的离散元模拟研究 [J]. 岩石力学与工程学报, 2002, 8: 1130~1135.

[28] 黄晚清, 陆阳. 散粒体重力堆积的三维离散元模拟 [J]. 岩土工程学报, 2006, 12: 2139~2143.

[29] 李艳洁, 徐泳. 用离散元模拟颗粒堆积问题 [J]. 农机化研究, 2005, 3: 57~59.

[30] 刘军, 于刚, 赵长兵, 胡文, 仇海亮. 不同尺度分布散粒材料砂堆形成过程的二维离散元模拟 [J]. 计算机学学报, 2008, 8: 568~573.

[31] Langstong P A, Tuzun U, Heyes D M. Discrete simulations of granular flow in 2D and 3D hoppers: dependence of discharge rate and wall stress on particle interactions [J]. Chem Engng Sci, 1995, 50: 967~987.

[32] Langstong P A, Tuzun U, Heyes D M. Discrete simulations of internal stress and flow fields in funnel flow hoppers [J]. Powder Technology, 1995, 85: 153~169.

[33] Kapui K D, Thornton C. Some observations of granular flow in hoppers and silos [J]. Behringer R P, Jenkins T J. Powders & Grains 97. Rotterdam: Balkema, 1997: 511~514.

[34] Masson S, Martinez J. Effect of mechanical properties on silo flow and stress from distinct element simulations [J]. Powder Technology, 2000, 109 (1-3): 164~178.

[35] Matuttis H G, Luding S, Herrmann H J, Discrete element simulations of dense packings and heaps made of spherical and non-spherical particles [J]. Powder Technology, 2000, 109 (1-3): 278~292.

[36] Zhou Y C, Xu A B, Zulli P. An experimental and numerical study of the angle of repose of coase spheres [J]. Powder Technology, 2002, 125 (1): 45~54.

[37] 王培涛, 杨天鸿, 柳小波. 边孔角对无底柱分段崩落法放矿影响的颗粒流数值模拟研究 [J]. 金属矿山, 2010, 3: 12~16.

[38] 杨晓炳，高谦，王连庆. 散体颗粒流动数值方法在放矿工程中的应用 [J]. 金属矿山，2010，5：1~4.

[39] 李彬，许梦国，曹华斌，等. 底柱分段崩落法放矿步距优化数值模拟 [J]. 矿业研究与开发，2012，32（2）：5~7.

[40] 魏建海，黄兴益，戈超，何皇兵，舒凑先. 基于 PFC^{2D} 的无底柱分段崩落法放矿数值模拟 [J]. 现代矿业，2015，31（12）：27~28.

[41] 王培涛，杨天鸿，柳小波. 无底柱分段崩落法放矿规律的 PFC2D 模拟仿真 [J]. 金属矿山，2010，8：123~127.

[42] 孙浩，金爱兵，高永涛，周喻，杨振伟. 复杂边界条件下崩落矿岩流动特性 [J]. 中南大学学报（自然科学版），2015，46（10）：3782~3788.

[43] 张巍元. 低贫化放矿的三维数值模拟研究 [D]. 哈尔滨：哈尔滨工业大学，2013.

[44] 吴俊俊. 自然崩落法结构参数优选与放矿规律研究 [D]. 长沙：中南大学，2009.

[45] 安龙，徐帅，李元辉，等. 基于多方法联合的崩落法崩矿步距优化 [J]. 岩石力学与工程学报，2013，32（4）：754~759.

[46] 徐帅，安龙，冯夏庭，等. 急倾斜薄矿脉崩落矿岩散体流动规律研究 [J]. 采矿与安全工程学报，2013，30（4）：518~525.

[47] Pierce M E. A model for gravity flow of fragmented rock in block caving mines [D]. Brisbane：The University of Queensland，2010.

[48] 任凤玉. 随机介质放矿理论及其应用 [M]. 北京：冶金工业出版社，1994.

[49] 王泳嘉，吕爱钟. 放矿的随机介质理论 [J]. 中国矿业，1993，1：53~57.

[50] 王泳嘉. 放矿理论研究的新方向——随机介质理论 [J]. 东工活页论文选，1962.

[51] 王泳嘉，刘兴国. 放矿的数值模拟 [J]. 有色金属（季刊），1981（1）.

[52] Kvapil R. The Mechanics and Design of Sublevel Caving Systems [J]. Sec 4.1-2 in Underground Mining Methods Handbook W. a. Hustrulid，ed. Soc. Mng. Engr—AIME，New York，1982：880~897.

[53] 任凤玉，刘兴国. 随机介质放矿理论及其应用专题讲座——第一讲 三类边界条件的崩落矿岩移动规律方程 [J]. 中国矿业，1995，7：80~84.

[54] 任凤玉，刘兴国. 随机介质放矿理论及其应用专题讲座——第二讲 崩落矿岩移动规律方程及其应用 [J]. 中国矿业，1995，9：81~84.

[55] 乔登攀，孙亚宁，任凤玉. 放矿随机介质理论移动概率密度方程研究 [J]. 煤炭学报，2003，8：361~365.

[56] 刘宝琛. 随机介质理论及其在开挖引起的地表下沉问题中的应用 [J]. 中国有色金属学报，1992，7：8~14.

[57] 刘宝琛，颜荣贵. 开采引起的矿山岩体移动的基本规律 [J]. 煤炭学报，1981，3：39~53.

[58] 贺跃光，刘宝琛. 开挖边坡岩土体位移及变形分析中的随机介质理论 [J]. 长沙交通学院学报，2006，9：1~5.

[59] 刘宝琛，杜维吾，张成孝. 望儿山金矿地表移动与建筑物保护 [J]. 矿冶工程，1995，9：17~20.

［60］Christopher Grant Alford B. Eng. （Hons.）. Computer Simulation Models For The Gravity Flow of Ore In Sublevel Caving ［D］. Department of Mining University of Melbourne February, 1978.

［61］李昌宁. 非均匀矿岩散体放矿的计算机模拟 ［J］. 有色金属，2002，5：98~103.

［62］A discrete numerical model for graunlar assemblies. Cundall P A, Strack O D L. Geotechnique. 1979

［63］Particle flow code in 2 Dimensions ［M］. Cundall P A, Strack O D L. Itasca Consulting Group. Inc，1999.

［64］周健，张昭，杜明芳，原方. 漏斗形状改变对筒仓压力影响的细观研究 ［J］. 特种结构，2006（4）：14~16.

［65］解世俊. 金属矿床地下开采 ［M］. 北京：冶金工业出版社，2006.

［66］余健，刘培慧，寇永渊. 高分段大间距结构合理崩矿步距研究 ［J］. 矿业研究与开发，2008（6）：10~12，26.

［67］乔登攀，汪亮，张宗生. 无底柱分段崩落法采场结构参数确定方法研究 ［J］. 采矿技术，2006（3）：233~236，253.

［68］张国联，邱景平，宋守志. 无底柱分段崩落法回收指标与结构参数关系 ［J］. 辽宁工程技术大学学报，2004（4）：436~438.

［69］李文增，任凤玉. 弓长岭井下铁矿崩矿步距优化研究 ［J］. 中国矿业，2008（6）：55~57.

［70］朱卫东，苏太和. 有底柱阶段崩落法底部结构及放矿制度优化 ［J］. 中国矿业，1999（3）：43~46.

［71］汪亮，乔登攀. 底部放矿的放出漏斗与放出体方程 ［J］. 云南冶金，2006（6）：3~7.

［72］Cundall P A. A computer model for simulating progressive large scale movements in blocky systems. Proceedings of the Symposium of the International Society of Rock Mechanics，1971.

［73］Cundall P A. The measurement and analysis of acceleration in rock slopes ［D］. London University of London，1971.

［74］朱焕春. PFC 及其在矿山崩落开采研究中的应用 ［J］. 岩石力学与工程学报，2006，（9）：1927~1931.

［75］刘志娜，梅林芳，宋卫东. 基于 PFC 数值模拟的无底柱采场结构参数优化研究 ［J］. 矿业研究与开发，2008（1）：3~5.

［76］任凤玉，刘兴国. 无底柱分段崩落法采场结构与放矿方式研究 ［J］. 中国矿业，1995（6）：31~34.

［77］王连庆，高谦，王建国，方祖烈. 自然崩落采矿法的颗粒流数值模拟 ［J］. 北京科技大学学报，2007（6）：557~561.

［78］柳小波. 散体流动时空演化仿真模型的研究与应用 ［D］. 东北大学博士论文，2009.

［79］陶干强，杨仕教，任凤玉. 随机介质放矿理论散体流动参数试验 ［J］. 岩石力学与工程学报. 2009，28（S2）：3464~3470.

［80］任凤玉. 放矿随机介质理论的研究及其应用 ［M］. 北京：冶金工业出版社，1992.

［81］PFC2D（Particle FlowCode in 2 Dimensions），Version 3. 1 ［M］. Itasca Consulting Group,

2004.

[82] 古德生，王惠英，李觉新．振动出矿技术［M］．长沙：中南工业大学出版社，1989.

[83] Wittke W, Pierau B. Foundations fox the design andconstruction of tunnel in swelling rock．Proceedings of the 4th International Congress on Rock Mechanics［C］. Montxeux：A1 ME, 1979, 216~219.

[84] Singh S P. Burst energy release index［J］. Rock Mechanics and Rock Engineering, 1988, 21 (1)：149~155.

[85] 柳小波，孙豁然，赵德孝，等．崩落法放矿计算机仿真系统的软件设计与开发［J］．金属矿山，2002, 12：49~52.

[86] 王仲奇．二维随机摆放过程的计算机模拟［J］．全国蒙特卡罗方法学术交流会资料，1980：86~87.

[87] 王仲奇．二维随机几何模型的蒙特卡罗研究［J］．全国蒙特卡罗方法学术交流会资料，1980：18~20.

[88] MCNP3B, Monte Carlo Neutron and Photo Transport Code System［J］. CCC-200, 1989.

[89] J. M. Hammersley, Conditional Monte Carlo［J］. J. Assoc. Comp. Mach. 3, 73, 1956.

[90] 王泳嘉．岩层和地表移动过程的时间因素［J］．东北工学院学报，1963, 5：1~11.

[91] 刘瑞珣，张秉良，张臣．描述岩石粘弹性固体性质的开尔文模型［J］．地学前缘，2008, 5：221~225.

[92] 刘瑞珣．流变学基础模型的地质应用及启示［J］．地学前缘，2007, 14 (4)：61~65.

[93] K. Wardell. Some observations on the relationship between time and mining substrans［J］. I. M. E, 1953~1954：471~483.

[94] 复旦大学数学系．概率论与数理统计［M］．上海：上海科学技术出版社，1960.

[95] 唐曙光．基于 Excel 的实验数据最小二乘法计算探讨［J］．大学物理实验，2003, 12：43~45.

[96] http：//www. chemshow. cn/BBs/File/UserFiles/UpLoad/200809090309082m. doc.

[97] 赵斌．开采沉陷动态预计中的流变模型及应用［J］．科技情报开发与经济，2005, 5：195~196.

[98] http：//math. dhu. edu. cn/teacher/math/%D3%C8%CB%D5%C8%D8/teaching/mathmodel/07xia/lecture%204. pdf.

[99] 李德海．近水平层状岩层移动规律的探讨［J］．矿山压力与顶板管理，1996, 2：39~42.

[100] 刘文涛．采场覆岩移动流变模型及开采沉陷预计研究［D］．太原理工大学学位论文，2004.

[101] 江见鲸，贺小岗．工程结构计算机仿真分析［M］．清华大学出版社，1996：1~2.

[102] 王运森．过程自动控制系统及遗传算法在 PID 参数整定中的应用研究［D］．东北大学学位论文，2002.

[103] 郑小平．Visual C#. NET 开发实践［M］．北京：人民邮电出版社，2001.

[104] http：//www. alixixi. com/Dev/Web/ASPNET/aspnet3/2007/2007050734445. html.

[105] 王运森，邱景平，孙豁然．OpenGL 在放矿仿真系统开发中的应用［J］．矿业研究与开

发，2003，10：23~25.

[106] http：//net. stuun. com/program/ASP/shili/37451. html.

[107] 孙豁然，余晨阳. 实用计算机绘图 [M]. 北京：冶金工业出版社，1996.

[108] 傅德胜，李慧颖. 交互式计算机模拟画像系统设计 [J]. 计算机应用，2000.

[109] 柳小波，李启轩，孙豁然. 基于 SLS 系统的无底柱分段崩落法矿石损失贫化的研究 [J]. 金属矿山，2005，12：17~18.

[110] Li I Y. Analysis of bulk flow of materials under gravity caving process [J]. Colorado School of Mines Quarterly, 1984, 75 (4)：121~129.

[111] Mullins W W. Stochastic theory of particle flow under gravity [J]. Appl Phys, 1972, 43 (3)：665~678.

[112] 何国清. 矿山开采沉陷学 [M]. 徐州：中国矿业大学出版社，1989.

[113] 梁明，肖天和. 巨厚松散层下开采地表下沉速度预计初探 [J]. 西安矿业学院学报，1997，17 (1)：32~35.

[114] 王金庄，邢安仕，伍立新，等. 矿山开采沉陷及其损害防治 [M]. 徐州：中国矿业大学出版社，1993.

[115] C. B. 斯塔热夫，A. M 弗赖登，E. N. 鲁辛，常冶明. 瑞典地下矿的现状和前景 [J]. 国外金属矿山，1992，4：34~37，23.

[116] 余健. 高分段大间距无底柱分段崩落采矿贫化损失预测与结构参数优化研究 [D]. 中南大学博士论文，2008.

[117] 安宏，胡杏保. 无底柱分段崩落法应用现状 [J]. 矿业快报，2005 (9)：6~9.

[118] 朱卫东，原丕业，鞠玉忠. 无底柱分段崩落法结构参数优化主要途径 [J]. 金属矿山，2000 (9)：12~16.

[119] 金闯，董振民，贡锁国，俞胜建，光永祥. 梅山铁矿无底柱分段崩落法加大结构参数研究 [J]. 金属矿山，2000 (4)：16~19.

[120] 金闯，董振民，范庆霞. 梅山铁矿大间距结构参数的研究与应用 [J]. 金属矿山，2002，307：7~9.

[121] 马鞍山矿山研究院地下采矿研究室地采组. 无底柱分段崩落采矿法端部放矿模拟试验 [J]. 金属矿山，1976 (3)：4~14，19.

[122] 董振民，范庆霞，金闯. 大间距无底柱分段崩落采矿法的研究与应用 [J]. 宝钢技术，2005 (增刊)：19~23.

[123] 范庆霞. 大间距集中化无底柱采矿新工艺研究 [J]. 矿业快报，2005，10：7~9，49.

[124] 刘兴国，张国联. 论无底柱分段崩落法放矿方式 [J]. 金属矿山，2004 (2)：5~7，10.

[125] 梅山铁矿大间距无底柱采矿新工艺放矿模拟实验研究报告，马鞍山矿山研究院、上海梅山集团（南京）矿业有限公司，2001.

[126] 吴爱祥，武力聪，刘晓辉. 无底柱分段崩落法结构参数研究 [J]. 中南大学学报（自然科学版），2012，15 (5)：1845~1850.